云南美白植物资源及功效成分

中国科学院昆明植物研究所
北京植物医生生物科技有限公司◎编著

天津出版传媒集团
天津科学技术出版社

图书在版编目（CIP）数据

云南美白植物资源及功效成分 / 中国科学院昆明植物研究所，北京植物医生生物科技有限公司编著.--天津：天津科学技术出版社，2024.6

ISBN 978-7-5742-2170-3

Ⅰ.①云… Ⅱ.①中… ②北… Ⅲ.①美容—植物资源—云南 Ⅳ.①Q948.527.4

中国国家版本馆 CIP 数据核字 (2024) 第 106380 号

云南美白植物资源及功效成分

YUNNAN MEIBAI ZHIWU ZIYUAN JI GONGXIAO CHENGFEN

责任编辑：刘　磊

出　　版：天津出版传媒集团 / 天津科学技术出版社

地　　址：天津市西康路35号

邮　　编：300051

电　　话：（022）23107822

网　　址：www.tjkjcbs.com.cn

发　　行：新华书店经销

印　　刷：香河县宏润印刷有限公司

开本787×1092　1/16　印张12.75　字数178 000

2024年6月第1版第1次印刷

定价：98.00元

编委会

许　刚　中国科学院昆明植物研究所

张　于　中国科学院昆明植物研究所

向春雷　中国科学院昆明植物研究所

董泽军　中国科学院昆明植物研究所

解　勇　北京植物医生生物科技有限公司

贺　锐　北京植物医生生物科技有限公司

田山黎　北京植物医生生物科技有限公司

前言

东方女性历来崇尚“肤如雪，凝如脂”的肌肤状态，将其视为美的至高境界，“水润、通透、白皙”为一体的三维美白已成为当下人们追求的一种理想的肌肤状态。近年来，人们已不再满足简单的以粉底来掩盖面部瑕疵，而是追求更加自然的美白效果和健康的美白方式。学界认为，皮肤的颜色是由黑色素细胞合成黑色素的数量、类型及其在角质形成细胞周围分布的模式来决定的，而人体的黑色素是由棕黑色难溶性真黑色素与浅红色含硫的可溶性褐黑色素共同组成。目前国际上公认的黑色素合成途径是以 L– 酪氨酸为底物，在酪氨酸酶作用下氧化形成多巴醌，在酪氨酸酶相关蛋白 1 与酪氨酸酶相关蛋白 2 的参与下，多巴醌进一步自氧化形成 5,6– 二羟基吲哚羧酸与 5,6– 二羟基吲哚，二者又经过一系列催化聚合最终合成黑色素。此外，当紫外线照射角质形成细胞，细胞内会产生大量活性氧自由基，迁移至黑色素细胞后打破原有氧化还原稳态，刺激酪氨酸酶相关蛋白 1 与酪氨酸酶相关蛋白 2 的表达，进而导致黑色素合成量增加。基于黑色素的形成机理，现如今美白功效产品主要作用途径包括抑制黑色素的生成、抑制黑色素细胞增殖、阻断黑色素的转运、加速角质层细胞脱落及降低黑色素合成相关蛋白的表达水平。此外，清除胞内多余氧自由基、抵御紫外线照射也能起到很好的减缓色素沉着、淡化肤色的作用，从而实现皮肤美白。

传统的美白剂如铅汞、氢醌、铅粉等细胞毒性大，长期使用会导致神经系统失调、视力减退、肾脏损伤等安全问题，这与现在人们所追求的安全、温和的美白目标完全不匹配。上述传统美白剂存在的明确或潜在的“致癌”问题已严重制约人们对美白产品的选择，使得人们对美白化妆品安全性的担忧日益增加。

天然产物是从微生物、植物、动物中提取的具有特定功效的化学成分，在药物设计、保健品开发及化妆品添加等领域中具有广泛的应用背景。值得注意的是，随着化妆品行业的发展，植物提取物的护肤性能日益凸显，其活性美白成分在应用过程中少有负面报道，安全、高效的特性使得“植物护肤”理念日益深入人心。如今，研发更多天然植物原料已是化妆品领域研究的热点。天然植物及中草药中的活性成分作为美白剂具有其独特的优势，植物的应用在传统医药中已经过了广泛、长期的使用和验证，最大限度地避免了产生过敏及毒性等不良影响，确认了其发挥美白或其他护肤功效时的安全性。同时，天然植物原料中含有多种活性成分，往往可发挥多方面功效，实现肌肤多重问题的改善和解决。因此，从天然植物中获得天然产物，从中寻求安全性高且功效明确的皮肤美白剂运用于化妆品领域，具有广泛的研究空间。

云南素有“植物王国”“药材之乡”的美誉，并且拥有丰富的生物资源、民族医药资源。其中中药资源种类 6559 种，占全国中药资源种类总数的 51.4%；民族药资源 2000 多种；民间验方 10 000 多个。丰富的植物资源加上独特的地理位置共同奠定了云南植物资源多样性的地位。然而，目前基于云南植物资源的天然产物美白剂的研究仍然不够充分。在党的十九大报告中，习近平总书记提出了实施健康中国战略，因此，大健康产业的发展，对云南丰富的植物资源进行天然产物美白剂的系统开发具有极其重要的战略意义。

我们对国家药品监督管理局发布的《已使用化妆品原料目录（2021 年版）》的内容进行了筛选，结合云南特色植物资源分布，从全国范围内有分布的 500 余种植物中遴选出 155 种有文献支持且具有潜在美白功效的植物，随后根据植物资源量、获取难易、研究深度等维度着重遴选出 50 种植物，最终形成本书内容。其中，利用包括但不限于 Species 2000、植物智、维普数据库、CNKI 数据库、Scifinder 数据库、智慧芽专利数据库及《中国药典》等多个权威数据库平台及多部著作进行相关信息的检索、收集与分析。同时，在保证文献检索信息的完整性、系统性和全面性的基础上，我们全面地检索了以上数据库的结果，并提供了所选出的 50 种植物的基原信息、地理分布、用途（含民间）、在化妆品原料中的应用、1~3 个代表性成分及所属结构类型、相关美白活性研究文献 1~3 篇。书中的图片均由中国科学院昆明植物研究所的老师经实地考察拍摄而来，旨在近距离展示植物形态，在此对拍摄老师表示由衷的感谢；书中的化学结构式均用 ChemDraw 软件进行绘制以方便调节结构式中原子和键的大小比例，让绘图更整洁美观。最终，需要说明的是，因研究方法的不同，书中关于各植物美白活性研究的内容所引用的数据结果仅供参考和借鉴，我们希望为读者提供更充实、更实用、更有价值的阅读体验。

本书具有一定的学术和实用价值，对于日化行业领域的同行，如产品研究人员、原料企业或其他基础研究人员而言，该书或可为他们进行植物资源美白剂的开发提供一定的理论基础指导。但由于文献资料丰富多样，编者水平有限，编写过程中难免有疏漏之处，敬请广大读者批评、斧正。

目 录

1. 银杏 *Ginkgo biloba* L.

【科属】银杏科 Ginkgoaceae/ 银杏属 *Ginkgo*

【别名】鸭掌树、鸭脚子、公孙树、白果

【主要特征】高大乔木。树皮纵裂、粗糙。叶扇形，有长柄，无毛，有多数叉状并列细脉，顶端宽 5~8 cm，在短枝上常具波状缺刻，在长枝上常 2 裂，有时裂片再分裂。球花雌雄异株，单性，簇生状着生于短枝顶端的鳞片状叶的腋内；雄球花柔荑花序状，下垂，雄蕊排列疏松，具短梗，花药常 2 个，长椭圆形，药室纵裂，药隔不发达；雌球花具长梗，梗端常分两叉，每叉顶生一盘状珠座，胚珠着生其上，通常仅一个叉端的胚珠发育成种子。种子常为椭圆形、长倒卵形、卵圆形或近圆球形，长 2.5~3.5 cm，径约 2 cm。外种皮肉质，熟时黄色或橙黄色，外被白粉，有臭味；中种皮白色，具 2~3 条纵脊；内种皮膜质，淡红褐色；胚乳肉质。

【花果期】花期3—4月，种子9—10月成熟。

【生境】生长于海拔500~1000 m、酸性黄壤且排水性良好地带的天然林中。广泛栽培。

【地理分布】分布于丽江、昆明、腾冲等地。安徽、福建、甘肃、贵州、河南、河北、湖北、江苏、江西、陕西、山东、山西、四川等省（自治区）广泛栽培。国外朝鲜、日本及欧美各国庭园均有栽培。

【主要价值】速生用材树种；绿化观赏；种子供食用和药用。

【药典用途】

具有活血化瘀、通络止痛、敛肺平喘、化浊降脂的功效。用于治疗瘀血阻络、胸痹心痛、中风偏瘫、肺虚咳喘、高脂血症等症。

【民间用途】

用果实、树皮、根、根皮、叶。果实甘、苦、平，有毒；可润肺、定喘、涩精、止带；用于治疗痰喘、咳嗽、白带、白浊、尿频、遗精、无名肿痛等症。树皮烧灰调油后可擦牛皮癣、铜钱癣。根和根皮用于治疗白带、遗精。叶微苦、平，可活血止痛，用于治疗胸闷心痛、心悸怔忡、痰喘咳、泻痢、白带等症。作行道树栽培观赏之用。白果可食用（多食易中毒）及药用。叶可作药用和制杀虫剂，亦可作肥料。

【化妆品原料】

中文名	淋洗类产品最高历史使用量（%）	驻留类产品最高历史使用量（%）
银杏（*Ginkgo biloba*）根提取物	0.02	—
银杏（*Ginkgo biloba*）坚果提取物	—[1]	2
银杏（*Ginkgo biloba*）提取物	0.1	0.01

待续

[1]【化妆品原料】一栏信息取自《已使用化妆品原料目录（2021年版）》，“—”表示目录中无记录数据。下同。

续表

中文名	淋洗类产品最高历史使用量（%）	驻留类产品最高历史使用量（%）
银杏（*Ginkgo biloba*）叶	—	—
银杏（*Ginkgo biloba*）叶粉	—	0.5
银杏（*Ginkgo biloba*）叶水	—	54.878
银杏（*Ginkgo biloba*）叶提取物	—	30
银杏（*Ginkgo biloba*）籽提取物	0.05	—

【化学成分研究】

主要结构类型：黄酮类、萜类内酯、酚酸。

代表性成分及结构式：

银杏内酯 B（Ginkgolide B）、(–)– 白果内酯（Bilobalide）、银杏内酯 A（Ginkgolide A）、银杏酸（Ginkgolic acid）、甲基橙皮苷（Methyl hesperidin）、胞嘧啶核苷（Cytidine）、染料木苷（Genistin）、芹菜素（Apigenin）。

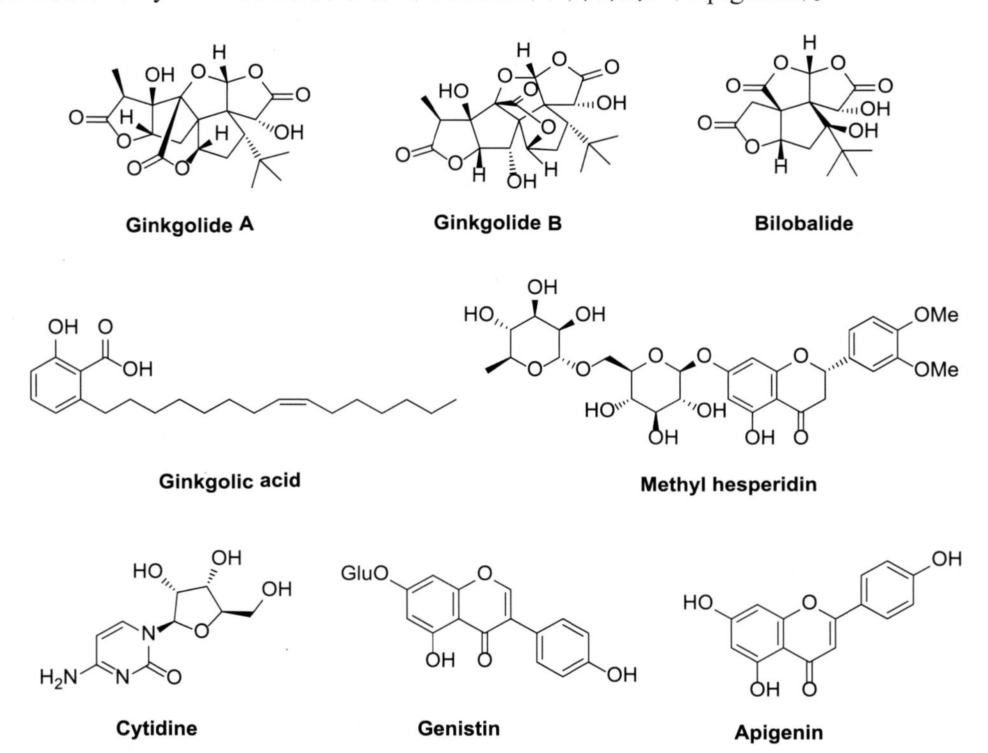

【美白活性研究】

5 μmol/L 浓度下，化合物 Ginkgoside D、Methyl hesperidin（甲基橙皮苷）、Cytidine（胞嘧啶核苷）和 Genistin（染料木苷）表现出一定的酪氨酸酶抑制活性，抑制率分别为（19.12 ± 2.59）%、（16.07 ± 1.07）%、（24.46 ± 1.10）%、（18.64 ± 3.62）%；曲酸（阳性对照）（27.50 ± 2.72）%[1]。银杏酸的同系物单体 GA1 能明显抑制 B16 细胞中酪氨酸酶的活力和黑色素的表达，且对细胞的毒性较低，其导致小鼠 B16 细胞数下降一半的剂量浓度为 1.57 mg/mL，使酪氨酸酶活力下降一半的 IC_{50} 值为 28.2 μg/mL，使黑色素含量下降一半的 IC_{50} 值为 29.6 μg/mL[2]。此外，该提取物还具有抗氧化性、清除自由基等活性[3]。

【参考文献】

[1] Shu PH, Fei YY, Li JP, et al. Two new phenylethanoid glycosides from *Ginkgo biloba* leaves and their tyrosinase inhibitory activities[J]. Carbohydrate Research, 2020, 494: 108059.

[2] 庄江兴，邱凌，钟雪，等．银杏酸 GA1 对酪氨酸酶和黑色素瘤细胞的作用 [J]. 厦门大学学报（自然科学版）, 2009, 48(1): 103–106.

[3] Singh B, Kaur P, Gopichand, et al. Biology and chemistry of *Ginkgo biloba*[J]. Fitoterapia, 2008, 79(6): 401–418.

2. 黑老虎 *Kadsura coccinea* (Lem.) A. C. Sm.

【科属】五味子科 Schisandraceae/ 南五味子属 *Kadsura*

【别名】过山龙藤、臭饭团、中泰南五味子、四川黑老虎

【主要特征】常绿木质藤本。叶互生，革质，长椭圆形至卵状披针形，长 8~17 cm，宽 3~8 cm，顶端急尖或短渐尖，基部宽楔形，全缘，干时暗褐色，近无毛，侧脉 6~7 对；叶柄长 1~2 cm。花单性，雌雄同株，单生于叶腋，红色或红黄色；花被片 10~16 片；雄蕊 14~48 枚、2~5 轮排列，雄蕊柱圆球状，顶端有多数长 3~8 mm 的线状钻形附属物；雌蕊群卵形至近球形，心皮 50~80 枚，5~7 轮排列。聚合果近球形，成熟时红色或黑紫色，直径 6~12 cm，浆果 50~60 枚。

【花果期】花期 4—7 月，果期 7—11 月。

【生境】多生长于森林中。

【地理分布】分布于屏边、河口、金平、蒙自、文山、思茅、景东等地。广东、广西、贵州、海南、湖南、江西、四川等省（自治区）也有分布。国外主要分布于缅甸和越南。

【主要价值】枝条可代绳索和编织用；果可食用；果和根供药用。

【药典用途】

具有收敛固涩、益气生津、补肾宁心的功效。用于治疗久咳虚喘、梦遗滑精、遗尿、尿频、久泻不止、自汗盗汗、津伤口渴、内热消渴、心悸失眠等症。

【民间用途】

可行气止痛、祛风活络、散瘀消肿。用于胃、十二指肠溃疡，慢性胃炎，急性胃肠炎，风湿性关节炎，跌打肿痛，痛经，产后淤腹腔积血痛的病症的治疗。果成熟后味甜，可食。根可入药。

【化妆品原料】

中文名	淋洗类产品最高历史使用量（%）	驻留类产品最高历史使用量（%）
黑老虎（*Kadsura coccinea*）果提取物	—	0.0994

【化学成分研究】

主要结构类型：木脂素、挥发油、黄酮、三萜、多酚。

代表性成分及结构式[1]：

黑老虎素 A（Heilaohusu A）、*α*- 可巴烯（α-Copaene）、没食子酸（Gallic acid）、南五味子属木脂素 F（Kadsuralignan F）、原儿茶酸（Protocatechuic acid）、黑老虎素 E（Heilaohusu E）、维生素 C（Vitamin C）、胡萝卜苷（Daucosterol）、莽草酸甲酯（Methyl shikimate）。

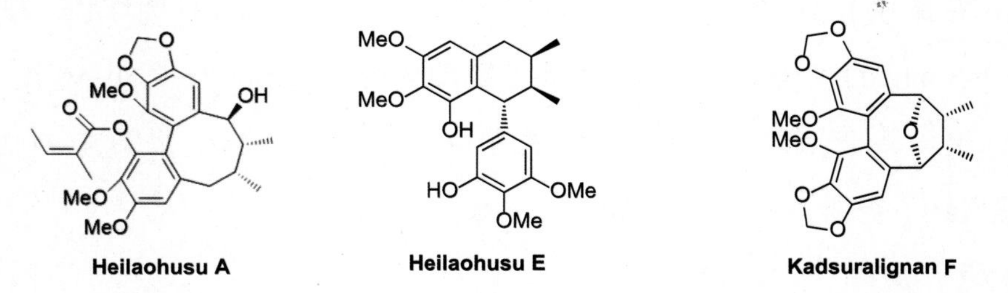

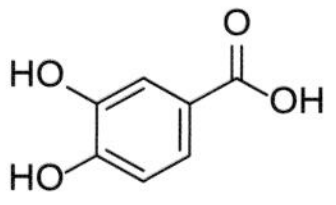

Protocatechuic acid 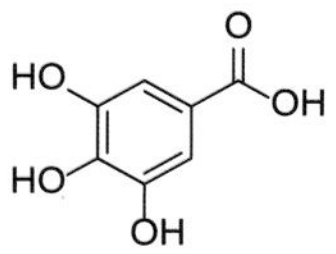　Gallic acid 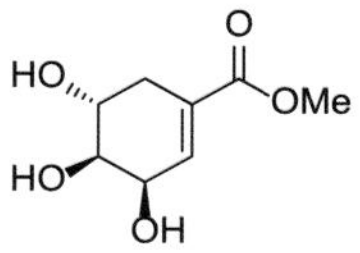　Methyl shikimate

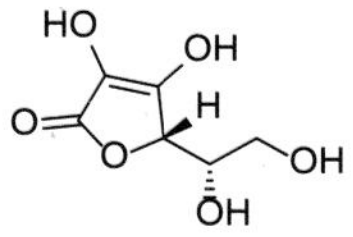

Vitamin C 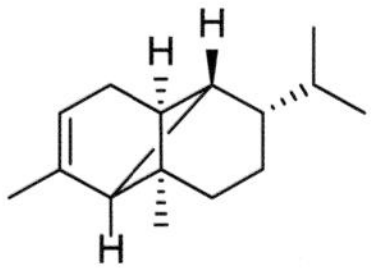　α-Copaene 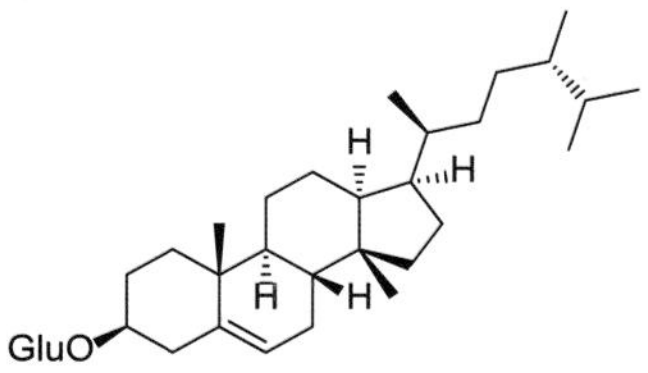　Daucosterol

【美白活性研究】

黑老虎提取物具有良好的 DPPH 自由基清除活性，其果皮多酚提取物 IC_{50} 值为（759 ± 19.0）μg/mL，花青素提取物 IC_{50} 值为（1915 ± 43.1）μg/mL，浆多酚提取物 IC_{50} 值为（22 302 ± 2614）μg/mL[2]；黑色素含量的定量测试表明，Kadsuralignan F 以剂量依赖性方式显著降低了黑色素合成，浓度为 56.2 μmol/L 时黑色素合成抑制率为 97%，53.5 μmol/L 时为 94%，33.11 μmol/L 时为 87%[3]；Kadsuralignan F 浓度为 2.97 μmol/L、5.94 μmol/L、11.87 μmol/L 时，黑色素抑制率分别为 44%、47%、67%；该化合物对酪氨酸酶活性无明显抑制作用，但经该化合物处理后酪氨酸酶的蛋白水平显著下降。用 Kadsuralignan F 处理人体皮肤模型，发现 47.48 μmol/L 的 Kadsuralignan F 处理的皮肤 ΔL* 值大于 1% 的曲酸（70.37 mmol/L）处理的皮肤 ΔL* 值[3]，表明其较曲酸具有更好的美白效果；用黑老虎的不同部位提取物［KCR（根提取物）、KCS（茎提取物）、KCL（叶提取物）和 KCF（果实提取物）］处理经 *α*–MSH 刺激的 B16F10 黑素细胞，各提取物对细胞内酪氨酸酶活性和黑素生成均有抑制效果，其抑制顺序均为 KCL>KCR>KCS>KCF[4]。

【参考文献】

[1] Liu JS, Li L. Kadsulignans L–N, three dibenzocyclooctadiene lignans from *Kadsura coccinea*[J]. Phytochemistry, 1995, 38 (1): 241–245.

[2] Sun J,Yao JY, Huang SX, et al. Antioxidant activity of polyphenol and

anthocyanin extracts from fruits of *Kadsura coccinea* (Lem.) A.C. Smith[J]. Food Chemistry, 2009, 117(2): 276–281.

[3] Goh MJ, Lee HK, Cheng L, et al. Depigmentation effect of kadsuralignan F on Melan–A murine melanocytes and human skin equivalents[J]. International Journal of Molecular Sciences, 2013, 14(1): 1655–1666.

[4] Jeon JS, Kang HM, Park JH, et al. A comparative study on photo–protective and anti–melanogenic properties of different *Kadsura coccinea* extracts[J]. Plants, 2021, 10(8): 1633.

3. 蕺菜 *Houttuynia cordata* Thunb.

【科属】三白草科 Saururaceae/ 蕺菜属 *Houttuynia*

【别名】鱼腥草、折耳根、臭狗耳、狗腥草、狗贴耳、狗点耳、独根草、丹根苗、臭猪草、臭尿端、臭牡丹

【主要特征】多年生草本。茎下部伏地，节上轮生小根，上部直立，无毛或节上被毛，有时带紫红色。叶薄纸质，有腺点，背面尤甚，卵形或阔卵形，长 4~10 cm，宽 2.5~6 cm，顶端短渐尖，基部心形，两面有时除叶脉被毛外均无毛，背面常呈紫红色；叶脉 5~7 条，全部基出或最内 1 对离基约 5 mm 从中脉发出，如为 7 脉时，则最外 1 对很纤细或不明显；叶柄长 1~3.5 cm，无毛；托叶膜质，长 1~2.5 cm，顶端钝，下部与叶柄合生而成一长 8~20 mm 的鞘，且常

有缘毛，基部扩大，略抱茎。花序长约 2 cm，宽 5~6 mm；总花梗长 1.5~3 cm，无毛；总苞片长圆形或倒卵形，长 10~15 mm，宽 5~7 mm，顶端钝圆；雄蕊长于子房，花丝长为花药的 3 倍。蒴果长 2~3 mm，顶端有宿存的花柱。

【花果期】花期 4—7 月，果期 7—9 月。

【生境】生长于沟边、溪边或林下湿地上。

【地理分布】分布于云南省各地。安徽、福建、甘肃、广东、广西、贵州、海南、河南、湖北、湖南、江西、陕西、四川、台湾、西藏、浙江等省（自治区）也有分布。国外主要分布于不丹、印度、日本、韩国、缅甸、尼泊尔、泰国等国。

【主要价值】可作药用；嫩根茎可食。

【药典用途】

具有清热解毒、消痈排脓、利尿通淋的功效。用于治疗肺痈吐脓、痰热喘咳、热痢、热淋、痈肿疮毒等症。

【民间用途】

用于肺痈咳吐脓血、肺热咳嗽、痰黄而稠等症的治疗。嫩根茎可食，我国西南地区人民常作蔬菜或调味品。

【化妆品原料】

中文名	淋洗类产品最高历史使用量（%）	驻留类产品最高历史使用量（%）
鱼腥草（*Houttuynia cordata*）粉[1]	0.34	0.3
鱼腥草（*Houttuynia cordata*）提取物	—	13.949

【化学成分研究】

主要结构类型：生物碱、糖苷、酚酸、类黄酮、甾醇。

代表性成分及结构式：

头花千金藤二酮 B（Cepharadione B）、苯甲酰胺（Benzamide）、鱼腥苷 A

[1] 鱼腥草是蕺菜的俗名。

（Houttuynoside A）、香草酸（Vanillic acid）、绿原酸（Chlorogenic acid）、槲皮苷（Quercitrin）、金丝桃苷（Hyperoside）、芦丁（Rutin）、*β*- 谷甾醇（*β*-Sitosterol）。

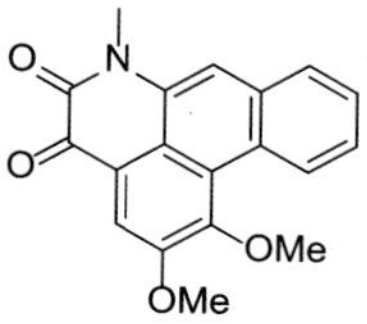

Cephardione B

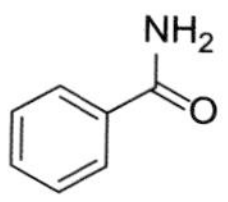

Benzamide

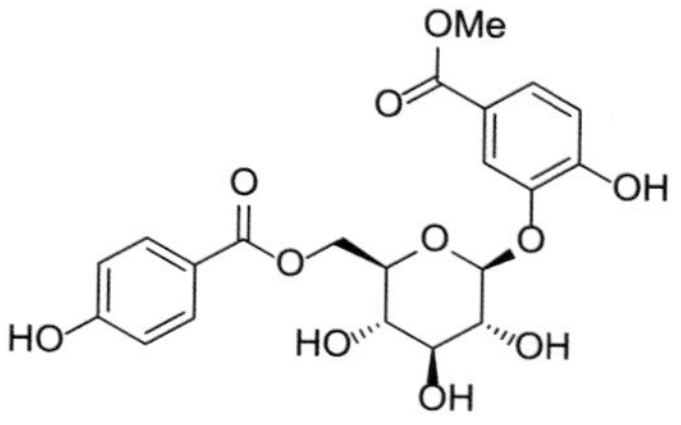

Houttuynoside A

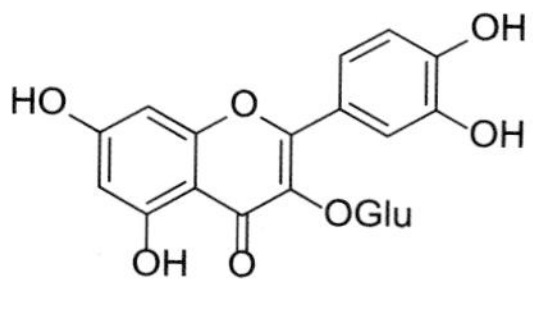

Hyperoside

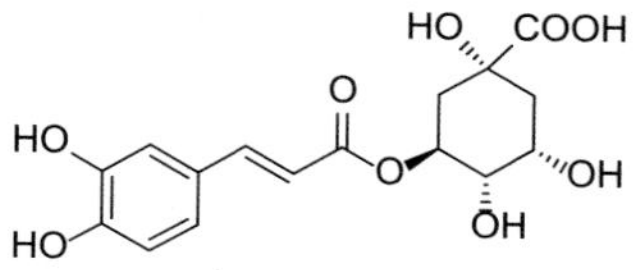

Chlorogenic acid

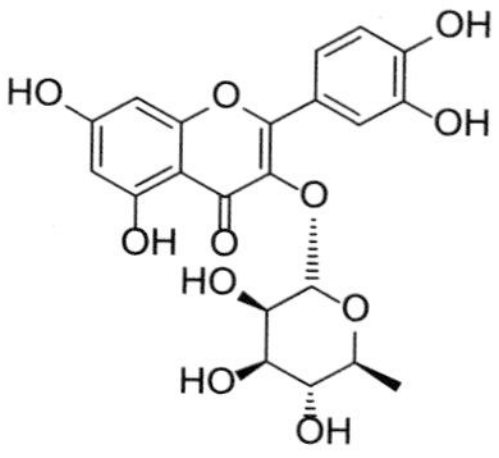

Quercitrin

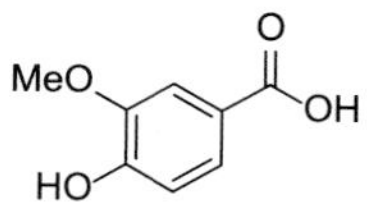

Vanillic acid

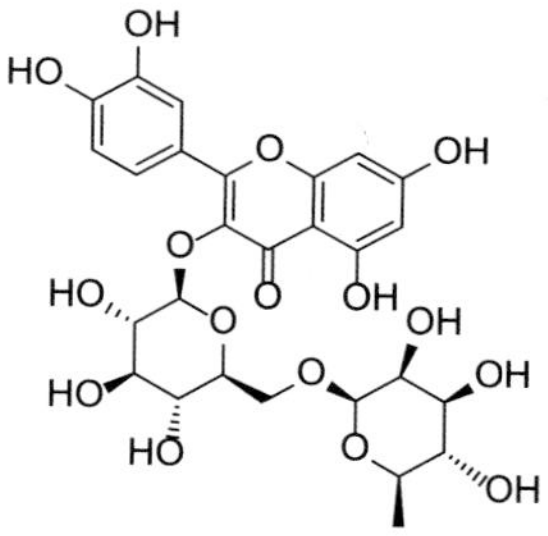

Rutin

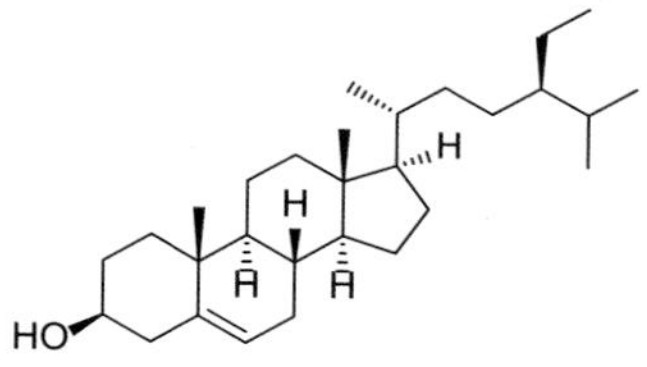

β-Sitosterol

【美白活性研究】

鱼腥草黄酮对 DPPH、· OH、ABTS+ 有良好的清除能力，半数效应浓度 EC_{50} 值分别为 0.097 mg/mL、2.250 mg/mL、0.384 mg/mL[1]；鱼腥草水提物的乙酸乙酯萃取组分具有最高的 DPPH 自由基清除能力、ABTS 阳离子自由基清除能力和 *α*- 葡萄糖苷酶活性抑制能力，半数抑制浓度 IC_{50} 值分别为 71.67 μg/mL、50.00 μg/mL 和 232.63 μg/mL[2]；鱼腥草具有良好的抗氧化活性[3]；鱼腥草中含有的 Cepharadione B 表现出较强的酪氨酸酶抑制活性，IC_{50} 值为 170 μmol/L[4]。

此外，从鱼腥草提取物中分离出的 Hyperoside 对 UVB 照射的皮肤成纤维细胞具有光保护作用，可抑制细胞内 ROS 的产生和炎性细胞因子（IL–6 和 IL–8）的分泌，同时增加 I 型胶原的合成，并下调 MMP–1 基因和蛋白的表达，从而抑制 UVB 照射的皮肤老化现象[5]。

【参考文献】

[1] 蒋雨心 , 邓岚 , 范方宇 . 鱼腥草根总黄酮超声辅助酶法提取工艺优化及其抗氧化活性研究 [J]. 食品工业科技 , 2023, 44(06): 226–234.

[2] 梅强根 , 张露 , 马天新 , 等 . 鱼腥草水提物萃取组分抗氧化、抗糖尿病活性和化学组成分析 [J]. 食品与发酵工业 , 2023, 49(11): 70–78.

[3] 肖娟 , 向安萍 , 张年凤 . 鱼腥草的化学成分及药理作用研究进展 [J]. 现代中西医结合杂志 , 2022, 31(11): 1563–1567.

[4] Chou SC, Su CR, Ku YC, et al. The constituents and their bioactivities of *Houttuynia cordata*[J]. Chemical and Pharmaceutical Bulletin, 2009, 57(11): 1227–1230.

[5] Mapoung S, Umsumarng S, Semmarath W, et al. Potoprotective effects of a hyperoside–enriched fraction prepared from *Houttuynia cordata* Thunb. on ultraviolet B–Induced skin aging in human fibroblasts through the MAPK signaling pathway[J]. Plants, 2021, 10(12): 2628.

4. 白兰 *Michelia × alba* DC.

【科属】木兰科 Magnoliaceae/ 含笑属 *Michelia*

【别名】黄桷兰、白兰花、缅栀、把儿兰、缅桂、白缅花、白缅桂

【主要特征】常绿乔木。树皮灰色；揉枝叶，有芳香；嫩枝及芽密被淡黄白色微柔毛，老时毛渐脱落。叶薄革质，长椭圆形或披针状椭圆形，长 10~27 cm，宽 4~9.5 cm，先端长渐尖或尾状渐尖，基部楔形，上面无毛，下面疏生微柔毛，干时两面网脉均很明显；叶柄长 1.5~2 cm，疏被微柔毛；托叶痕几达叶柄中部。花白色，极香；花被片 10 片，披针形，长 3~4 cm，宽 3~5 mm；雄蕊的药隔伸出长尖头；雌蕊群被微柔毛，雌蕊群柄长约 4 mm；心皮多数，通常部分不发育，成熟时形成蓇葖疏生的聚合果；蓇葖熟时鲜红色。

【花果期】花期 4—9 月，通常不结实。

【生境】栽培。

【地理分布】昆明、丽江、楚雄、思茅、临沧、保山等地有栽培。福建、广东、广西、海南、台湾等省（自治区）也有栽培。原产于印度尼西亚。

【主要价值】作庭园观赏树种；花叶可提取精油。

【药典用途】

具有止咳、化浊的功效。用于治疗慢性支气管炎、胸闷腹胀、带下病、小便不利等症。

【民间用途】

常作观赏树，行道树。白兰花可提取香精或薰茶，也可提制浸膏供药用，有行气化浊、止咳等功效；食用可调节支气管炎，还能治疗咳嗽、胸闷、口渴等症状。鲜叶可提取香油，称“白兰叶油”，还可供调配香精；从花中获得的白兰花油可作食品添加剂；根皮入药，治便秘。

【化妆品原料】

中文名	淋洗类产品最高历史使用量（%）	驻留类产品最高历史使用量（%）
白兰（*Michelia alba*）花油	—	1
白兰（*Michelia alba*）叶油	—	4

【化学成分研究】

主要结构类型：生物碱、倍半萜、木脂素、挥发油。

代表性成分及结构式[1-2]：

N-formylanonaine、（–）–Oliveroline、（+）–Nornuciferine、Lysicamine、α-香附酮（α-Cyperone）、小白菊内酯［（–）–Parthenolide］、（+）–epi-Yangambin、苯乙醇（Phenethyl alcohol）、丁香酚（Eugenol）。

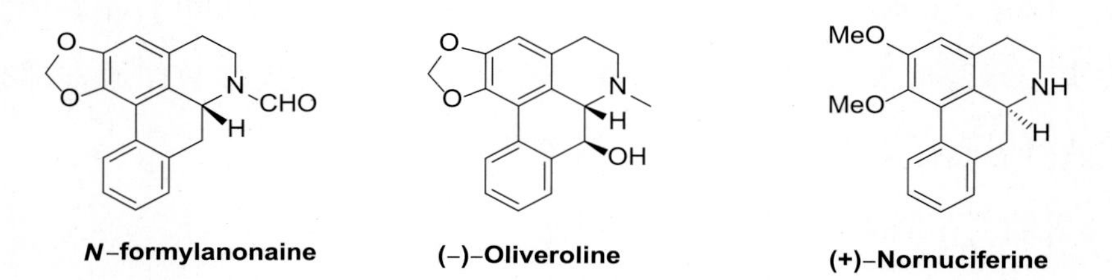

N–formylanonaine　(–)–Oliveroline　(+)–Nornuciferine

Lysicamine　　α-Cyperone　　(-)-Parthenolide

(+)-*epi*-Yangambin　　Phenethyl alcohol　　Eugenol

【美白活性研究】

研究表明，白兰叶子中分离出来的 (–)-*N*-formylanonaine，可以抑制酪氨酸酶活性，其 IC_{50} 值为 74.3 μmol/L，并在人类表皮黑色素细胞中具有酪氨酸酶和黑色素还原活性，对人类细胞没有明显的细胞毒性，优于已知的酪氨酸酶抑制剂，如曲酸和 1- 苯基 -2- 硫脲（PTU）[3]。

【参考文献】

[1] 侯冠雄 . 白兰花化学成分及其挥发油抗菌拒食活性研究 [D]. 云南：云南中医学院 , 2018.

[2] 黄相中 , 尹燕 , 刘晓芳 , 等 . 云南产白兰花和叶挥发油的化学成分研究 [J]. 林产化学与工业 , 2009, 29 (2): 119–123.

[3] Wang HM, Chen CY, Chen CY, et al. (–)-N-Formylanonaine from *Michelia alba* as a human tyrosinase inhibitor and antioxidant[J]. Bioorganic & Medicinal Chemistry, 2010, 18(14): 5241–5247.

5. 厚朴 *Houpoea officinalis*（Rehder & E. H. Wilson）N. H. Xia & C. Y. Wu

【科属】木兰科 Magnoliaceae/ 厚朴属 *Houpoea*

【别名】凹叶厚朴、紫油厚朴

【主要特征】落叶乔木。树皮厚，紫褐色；幼枝淡黄色，有绢状毛；顶芽大，窄卵状圆锥形，长 4~5 cm。叶革质，倒卵形或倒卵状椭圆形，长 20~45 cm，宽 10~24 cm，顶端圆形、钝尖或短突尖，基部楔形或圆形，全缘或微波状，下面有白色粉状物；叶柄长 2.5~4.5 cm。花与叶同时开放，单生于幼枝顶端，白色，有芳香，直径约 15 cm；花被片 9~12 片或更多。聚合果长椭圆状卵形，长约 12 cm；蓇葖果木质。

【花果期】花期 5—6 月，果期 8—10 月。

【生境】生长于林中，多栽培于山麓和村舍附近。

【地理分布】昭通、鲁甸、镇雄、彝良、宣威等地有栽培。广西、福建、贵州、江西、湖南、湖北、广东、安徽、四川、甘肃、陕西、浙江、河南等省份也有分布。

【主要价值】可药用；种子可榨油；可作绿化观赏树种。

【药物用途】

具有燥湿化痰、下气除满的功效。用于治疗湿滞伤中、脘痞吐泻、食积气滞、腹胀便秘、痰饮喘咳等症。

【民间用途】

彝族：用树皮、种子、果实、花蕾。树皮用于治疗腹痛胀满、反胃呕逆、宿食不消、湿滞泻痢等症；种子、果实用于消食；花蕾用于治胸膈胀闷。种子榨油可制肥皂。木材可作建筑、家具、雕刻、乐器等的原材料。

【化妆品原料】

中文名	淋洗类产品最高历史使用量（%）	驻留类产品最高历史使用量（%）
厚朴（*Magnolia officinalis*）[1]树皮提取物	—	5.334

【化学成分研究】

主要结构类型：木脂素、苷、醛酮、生物碱。

代表性成分及结构式[1]：

厚朴酚（Magnolol）、和厚朴酚（Honokiol）、丁香醛（Syringaldehyde）、木兰苷 A（Magnoloside A）、木兰苷 B（Magnoloside B）、芥子醛（Sinapaldehyde）、木兰花碱（Magnoflorine）、木兰箭毒碱（Magnocurarine）。

[1] *Magnolia officinalis* 是厚朴（*Houpoea officinalis*）的拉丁异名。

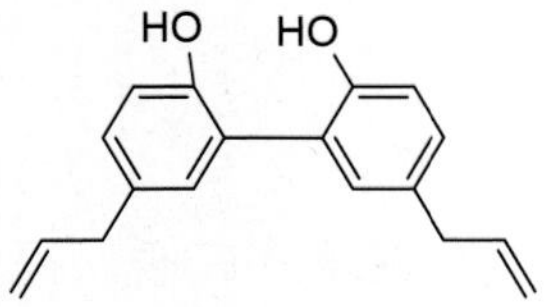

Magnolol 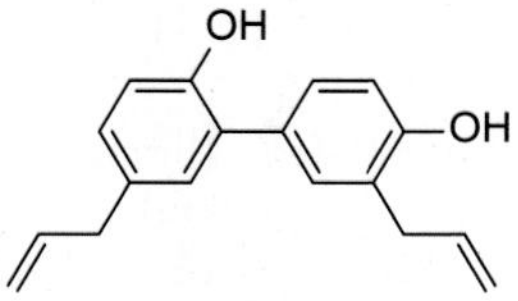　Honokiol 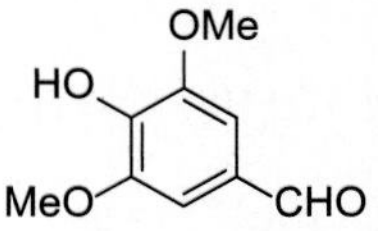　Syringaldehyde

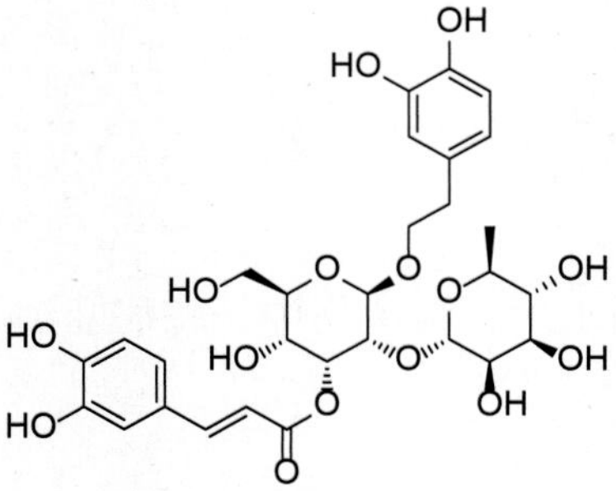

Magnoloside A 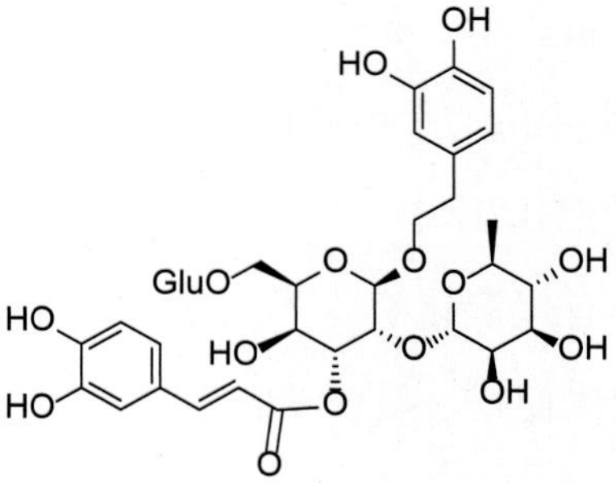　Magnoloside B

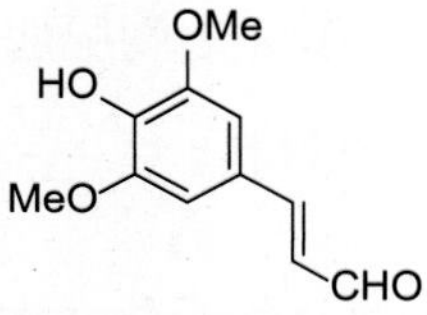

Sinapaldehyde 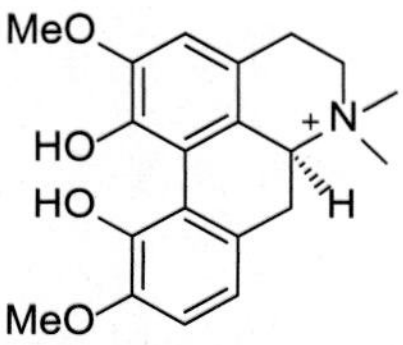　Magnoflorine 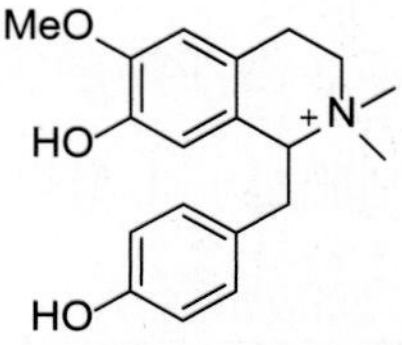　Magnocurarine

【美白活性研究】

研究发现，和厚朴酚用于 B16 细胞，在 12 h、24 h 和 48 h 的不同用药时间，和厚朴酚对 B16 细胞增殖的 IC_{50} 值分别为 23.4 μmol/L、13.1 μmol/L 和 11.4 μmol/L[2]。此外，有学者发现，0.01%（质量分数）厚朴酚对酪氨酸酶抑制率为 64.2%[3]。

【参考文献】

[1] 荆文光，杜杰，王继永，等．厚朴化学成分研究进展 [J]. 中国现代中药，2018, 20(6): 764–774.

[2] 喻丽红，张超，谭茵．和厚朴酚对小鼠黑色素瘤 B16 细胞增殖以及黑色素合成的影响 [J]. 广东医学，2012, 33(04): 439–441.

[3] 曾鸣，徐良．皮类药用植物美容护肤功效的研究进展 [J]. 中国美容医学，2016, 25(01): 100–104.

6. 草珊瑚 *Sarcandra glabra* (Thunb.) Nakai

【科属】金粟兰科 Chloranthaceae/ 草珊瑚属 *Sarcandra*

【别名】肿节风、九节风、九节茶、满山香、九节兰、节骨茶、竹节草、九节花、接骨莲、竹节茶

【主要特征】常绿半灌木。茎与枝均有膨大的节。叶革质，椭圆形、卵形至卵状披针形，长 6~17 cm，宽 2~6 cm，顶端渐尖，基部尖或楔形，边缘具粗锐锯齿，齿尖有一腺体，两面均无毛；叶柄长 0.5~1.5 cm，基部合生成鞘状；托叶钻形。穗状花序顶生，通常分枝，多少成圆锥花序状，连总花梗长 1.5~4 cm；苞片三角形；花黄绿色；雄蕊 1 枚，肉质，棒状至圆柱状，花药 2 室，生于药隔上部之两侧，侧向或有时内向；子房球形或卵形，无花柱，柱头近头状。核果球形，直径 3~4 mm，熟时亮红色。

【花果期】花期 6—7 月，果期 8—10 月。

【生境】生长于海拔 420~1500 m 的山坡、沟谷林下荫湿处。

【地理分布】分布于云南省东北部、东部及东南部。安徽、福建、广东、广西、贵州、海南、湖北、湖南、江西、四川、台湾、浙江等省（自治区）也有分布。国外主要分布于柬埔寨、印度、日本、韩国、老挝、马来西亚、菲律宾、斯里兰卡、泰国和越南等国。

【主要价值】全株供药用。

【药典用途】

具有收敛止泻、疏风清热、消肿止痛、清利咽喉的功效。用于治疗急性肠炎、急性痢疾所致的腹泻、口疮、咳嗽等症；外治骨折。

【民间用途】

全草治阑尾炎、痢疾、骨折、风湿性关节炎、跌打肿痛、疲劳乏力。根、叶主治跌打损伤、骨折、肺炎、咳嗽、口腔炎、齿龈炎、急性胃肠炎、月经不调等症。果实鲜艳，亦作观赏植物。

【化妆品原料】

中文名	淋洗类产品最高历史使用量（%）	驻留类产品最高历史使用量（%）
草珊瑚（*Sarcandra glabra*）提取物	—	—

【化学成分研究】

主要结构类型：萜、香豆素、黄酮、酚酸、挥发油。

代表性成分及结构式[1]：

琥珀酸（Succinic acid）、异嗪皮啶（Isofraxidin）、（+）–Hydroxydihydroneocurueol、7–Oxostigmasterol、7–Oxositosterol、东莨菪亭（Scopoletin）、迷迭香酸（Rosmarinic acid）、槲皮素（Quercetin）、豆蔻明（Cardamonin）。

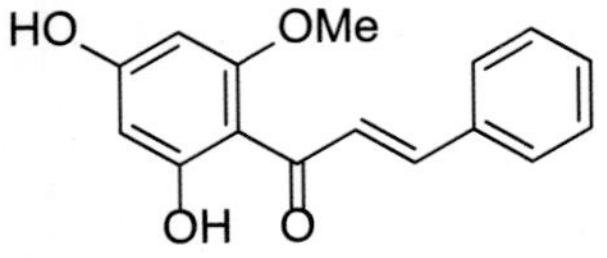

HO OMe OH O

Cardamonin

HO O OH OH OH OH O

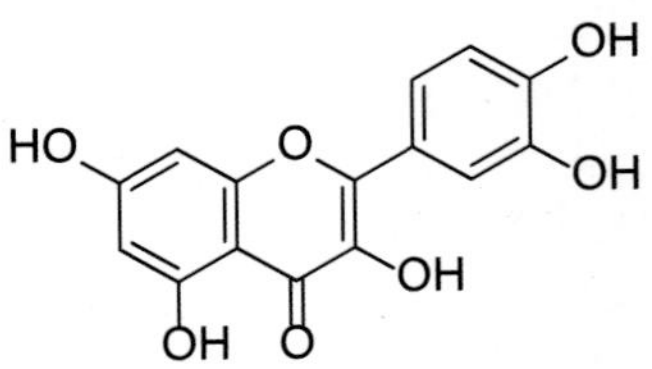

Quercetin

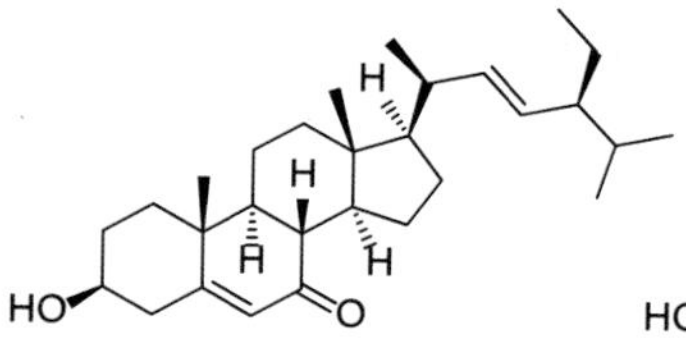

7-Oxostigmasterol 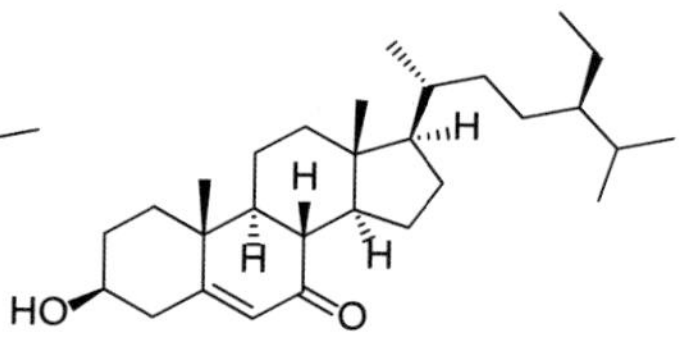　7-Oxositosterol 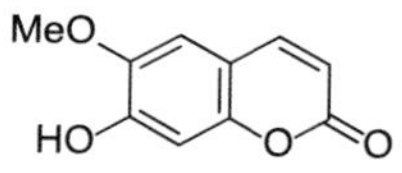　Scopoletin

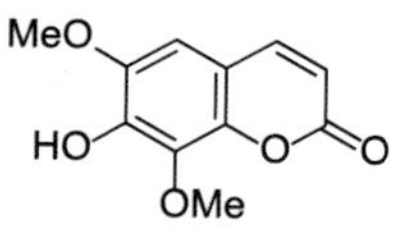

Isofraxidin 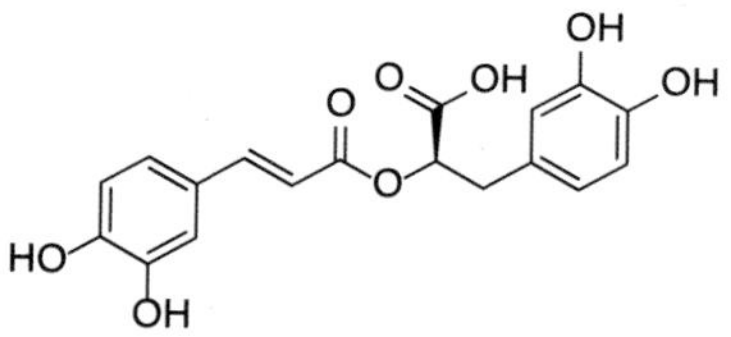　Rosmarinic acid 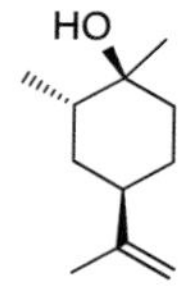　(+)-Hydroxydihy-droneocurueol

【美白活性研究】

草珊瑚流浸膏的有效成分黄酮苷、延胡索酸、琥珀酸、异嗪皮啶和糅酸具有抗菌消炎、止血、抗衰老、防紫外线、防止角蛋白质流失、护理和调理皮肤的作用[2]。采用 DPPH 自由基清除率法测定草珊瑚提取液抗氧化活性，在质量浓度为 1~30 mg/L 时，提取物浓度越大，清除 DPPH 自由基的能力就越强，其 IC_{50} 值为 13. 49 mg/L[3]。

【参考文献】

[1] 秦亚秋，黄天擎，刘鄂湖．草珊瑚化学成分及活性研究概述 [J]. 广东化工，2023, 50(01): 94–95+91.

[2] 胡国顺．草珊瑚流浸膏的性能及在化妆品中的应用 [J]. 日用化学工业，2000, 04: 61–64.

[3] 李波，黄明菊，李妍岚，等．肿节风中咖啡酸衍生物及抗氧化活性 [J]. 沈阳药科大学学报，2009, 26(11): 900–903+910.

7. 天麻 *Gastrodia elata* Bl.

【科属】兰科 Orchidaceae/ 天麻属 *Gastrodia*

【别名】赤箭、绿天麻、乌天麻、黄天麻、松天麻

【主要特征】腐生草本；根状茎肥厚，块茎状，肉质，具较密的节，节上被许多三角状宽卵形的鞘。茎直立，无绿叶，下部被数枚膜质鞘。总状花序长（5~50）cm，常具 30~50 朵花；花苞片长圆状披针形，长 1~1.5 cm，膜质；花梗和子房长 7~12 mm，略短于花苞片；花扭转，橙黄、淡黄、蓝绿或黄白色，近直立；萼片和花瓣合生成的花被筒长约 1 cm，直径 5~7 mm，近斜卵状圆筒形，顶端具 5 枚裂片，但前方亦即两枚侧萼片合生处的裂口深达 5 mm，筒的基部向前方凸出；外轮裂片（萼片离生部分）卵状三角形，先端钝；内轮裂片（花瓣

离生部分）近长圆形，较小；唇瓣长圆状卵圆形，长 6~7 mm，宽 3~4 mm，3 裂，基部贴生于蕊柱足末端与花被筒内壁上，并有一对肉质胼胝体，上部离生，上面具乳突，边缘有不规则短流苏；蕊柱长 5~7 mm，有短的蕊柱足。蒴果倒卵状椭圆形，长 1.4~1.8 cm，宽 8~9 mm。

【花果期】花果期 5—7 月。

【生境】生长于海拔 400~3200 m 的疏林下，林中空地、林缘，灌丛边缘。

【地理分布】分布于昭通、贡山、兰坪、维西、中甸、丽江、下关、洱源、彝良、会泽、大关等地。安徽、福建、甘肃、贵州、河北、河南、湖北、湖南、江苏、江西、吉林、辽宁、内蒙古、陕西、山西、四川、台湾、西藏、浙江等省（自治区）也有分布。国外主要分布于不丹、印度、日本、韩国、尼泊尔和俄罗斯等国。

【主要价值】块茎供药用。

【药典用途】

具有息风止痉，平抑肝阳，祛风通络的功效。用于治疗小儿惊风，癫痫抽搐，破伤风，头痛眩晕，手足不遂，肢体麻木，风湿痹痛等症。

【民间用途】

用于治疗头痛眩晕、中风、失眠、癫痫、神经衰弱等症。亦可作食疗。

【化妆品原料】

中文名	淋洗类产品最高历史使用量（%）	驻留类产品最高历史使用量（%）
天麻（*Gastrodia elata*）根提取物	—	23.989
天麻（*Gastrodia elata*）提取物	—	—

【化学成分研究】

主要结构类型：酚、甾体、有机酸。

代表性成分及结构式[1]：

天麻素（Gastrodin）、对羟基苯甲醇（*p*–Hydroxybenzyl alcohol）、对羟基苯甲

醛（*p*–Hydroxybenzaldehyde）、对羟苄基乙基醚（*p*–Hydroxybenzyl ethyl ether）、胡萝卜苷（Daucosterol）、琥珀酸（Succinic acid）、间羟基苯甲酸（3–Hydroxybenzoic acid）、邻苯二甲酸二丁酯（Dibutyl phthalate）、*β*–谷甾醇（*β*–Sitosterol）。

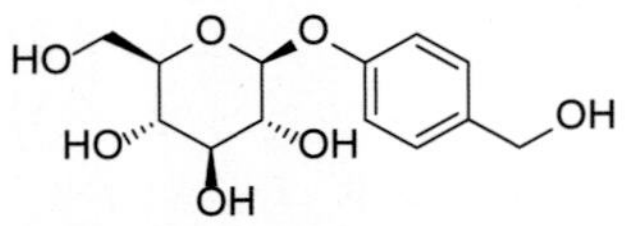

Gastrodin 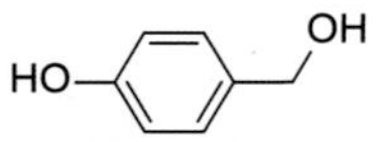 **p-Hydroxybenzyl alcohol** 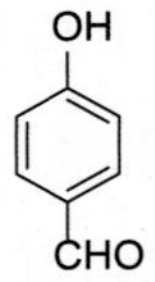 **p-Hydroxybenzaldehyde**

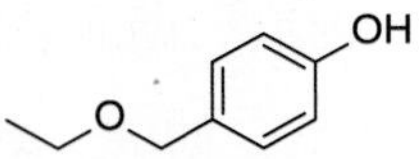

p-Hydroxybenzyl ethyl ether 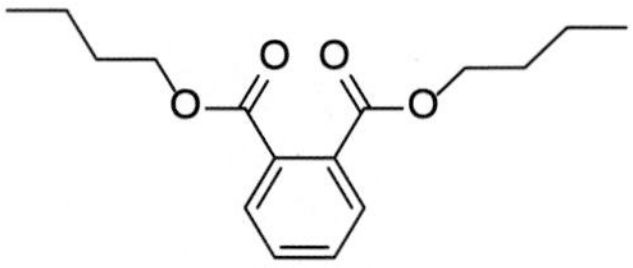 **Dibutyl phthalate** 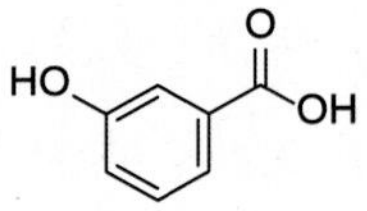 **3-Hydroxybenzoic acid**

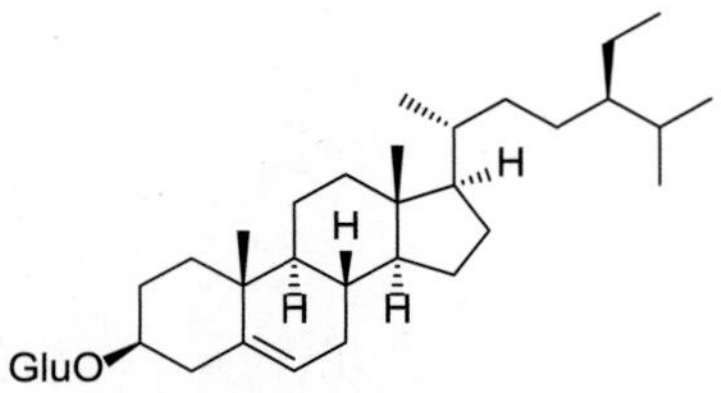

Daucosterol 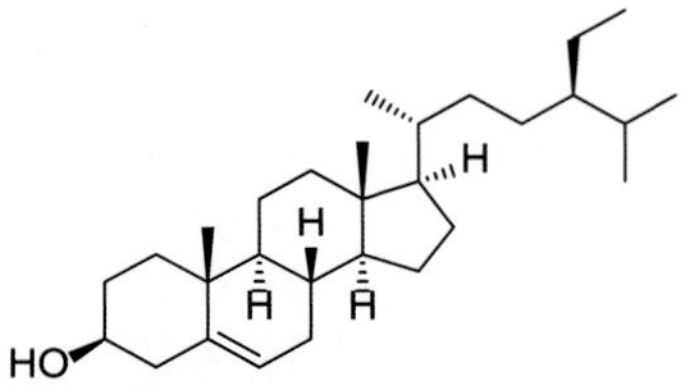 **β-Sitosterol** 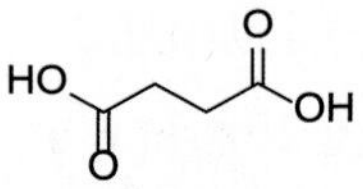 **Succinic acid**

【美白活性研究】

当天麻素质量分数为 0.1%~4.0% 时，天麻素会抑制细胞酪氨酸酶的生成量，且与熊果苷相比，天麻素抑制效果更佳，对细胞的毒性更小；同时，低质量分数的天麻素对损伤细胞具有一定的保护作用[2]；天麻多糖在浓度为 500 μg/mL 时，具有较好的抗氧化活性，DPPH 的清除率为 67.58%，超氧阴离子抑制率为 29.03%[3]。

经 *α*–MSH 处理过的 B16F10 细胞，天麻提取物浓度在 0~5 mg/mL 范围内，呈浓度依赖型抑制黑色素生成，主要通过抑制 MITF、酪氨酸酶、Trp1 和 Trp2 的分子水平等途径抑制黑色素[4]。从天麻中分离得到的天然产物 bis(4–hydroxybenzyl)sulfide 对蘑菇酪氨酸酶的半数抑制浓度 IC_{50} 值为 0.53 μmol/L，且 50 μmol/L 的 bis(4–hydroxybenzyl)sulfide 可明显降低人正常黑色素细胞 20% 的黑色素含量且无明显细胞毒性。此外，斑马鱼实验证明，bis(4–hydroxybenzyl) sulfide 可有效减少黑色素生成，且无不良副作用。分子模拟表明，bis(4–hydroxybenzyl)sulfide 中的硫原子可与酪氨酸酶活性位点的铜离子配位，从而抑制酶活性 [5]。

【参考文献】

[1] 李云，王志伟，刘大会，等．天麻化学成分研究进展 [J]. 山东科学，2016, 29(4): 24–29.

[2] 裴超俊．天麻素对酪氨酸酶的抑制作用及黑色素生成的影响 [D]. 苏州：苏州大学，2013.

[3] 汪瑞敏，朱秋劲，张春花，等．不同提取方法对天麻多糖抗氧化活性的影响 [J]. 食品科技，2015, 40(3): 208–213.

[4] Shim E, Song E, Choi KS, et al. Inhibitory effect of *Gastrodia elata* Blume extract on alpha–melanocyte stimulating hormone–induced melanogenesis in murine B16F10 melanoma[J]. Nutrition Research and Practice, 2017, 11(3): 173–179.

[5] Chen WC, Tseng TS, Hsiao NW, et al. Discovery of highly potent tyrosinase inhibitor, T1, with significant Anti–Melanogenesis ability by zebrafish in vivo assay and computational molecular modeling[J]. Scientific Reports, 2015, 5: 7995.

8. 滇黄精 *Polygonatum kingianum* Collett & Hemsl.

【科属】天门冬科 Asparagaceae/ 黄精属 *Polygonatum*

【别名】节节高、马尾根、牛尾巴薯

【主要特征】草本，根状茎近圆柱形或近连珠状，结节有时作不规则菱状，肥厚，直径 1~3 cm。茎高 1~3m，顶端作攀援状。叶轮生，每轮 3~10 枚，条形、条状披针形或披针形，长 6~25 cm，宽 3~30 mm，先端拳卷。花序具 1~6 花，总花梗下垂，长 1~2 cm，花梗长 0.5~1.5 cm，苞片膜质，微小，通常位于花梗下部；花被粉红色，长 18~25 mm，裂片长 3~5 mm；花丝长 3~5 mm，丝状或两侧扁，花药长 4~6 mm；子房长 4~6 mm，花柱长 8~14 mm。浆果红色，直径 1~1.5 cm，具 7~12 颗种子。

【花果期】花期 3—5 月，果期 9—10 月。

【生境】生长于海拔 700~3600 m 的林下、灌丛或阴湿草坡，有时生长在岩石上。

【地理分布】分布于勐腊、景洪、思茅、绿春、金平、麻栗坡、蒙自、文山、西畴、双江、临沧、凤庆、景东、双柏、楚雄、师宗、昆明、嵩明、大理、漾濞、云龙、福贡、中甸、盐津等地。四川、贵州、广西等省（自治区）也有分布。国外主要分布于缅甸、泰国和越南等国。

【主要价值】根状茎供药用。

【药典用途】

具有补气养阴、健脾、润肺、益肾的功效。用于治疗脾胃气虚、体倦乏力、胃阴不足、口干食少、肺虚燥咳、劳嗽咯血、精血不足、腰膝酸软、须发早白、内热消渴等症。

【民间用途】

可用于益气润肺补肾等。用于治疗虚损寒热、肺痨咯血、病后体虚食少、筋骨软弱、肺结核、干咳无痰、久病津干、口干、倦怠乏力、糖尿病、高血压、风湿疼痛等症。

【化妆品原料】

中文名	淋洗类产品最高历史、使用量（%）	驻留类产品最高历史使用量（%）
滇黄精（*Polygonatum kingianum*）提取物	—	—

【化学成分研究】

主要结构类型：黄酮、皂苷、木质素、多糖、固醇、生物碱。

代表性成分及结构式[1]：

芦丁（Rutin）、甘草苷（Liquiritin）、山柰酚（Kaempferol）、（+）–丁香树脂酚（（+）–Syringaresinol）、薯蓣皂苷元（Diosgenin）、果糖（Fructose）、积雪草苷（Asiaticoside）、β–谷甾醇（β–Sitosterol）、奎宁（Quinine）。

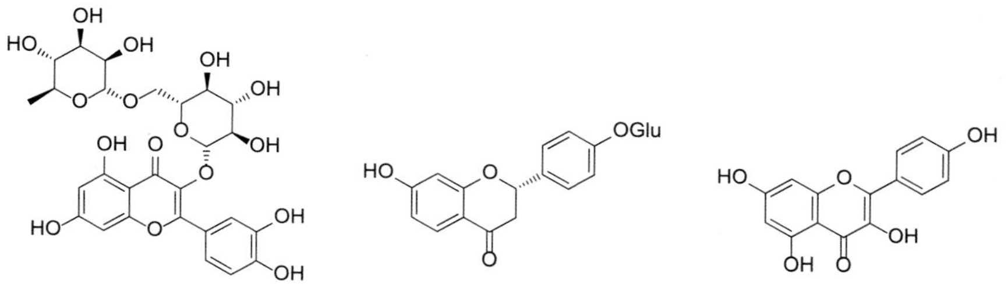

Rutin　　Liquiritin　　Kaempferol

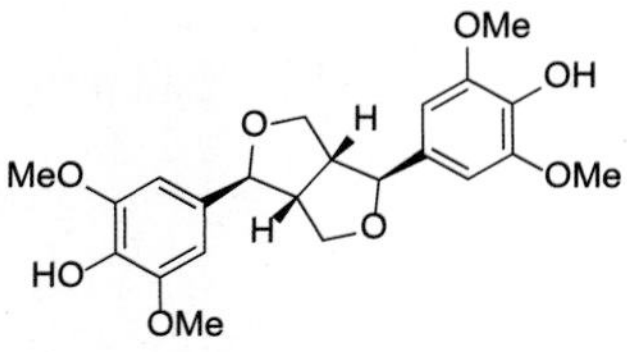

(+)-Syringaresinol 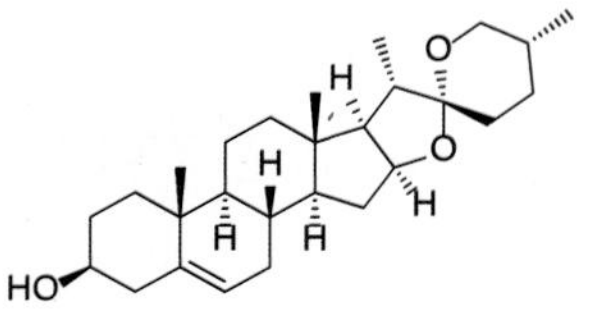　Diosgenin 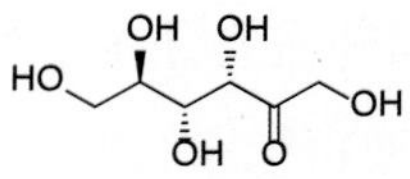　Fructose

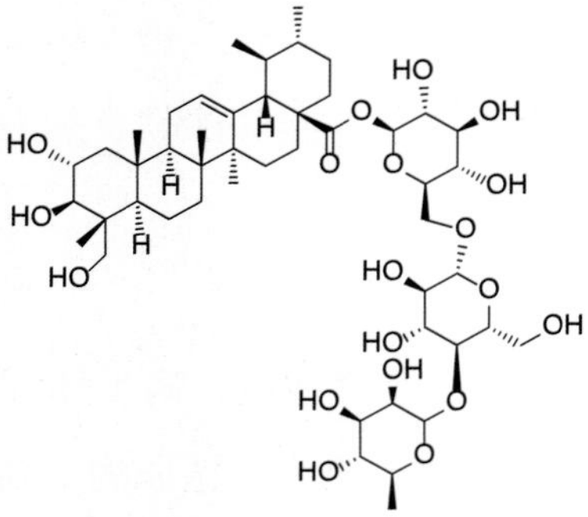

Asiaticoside 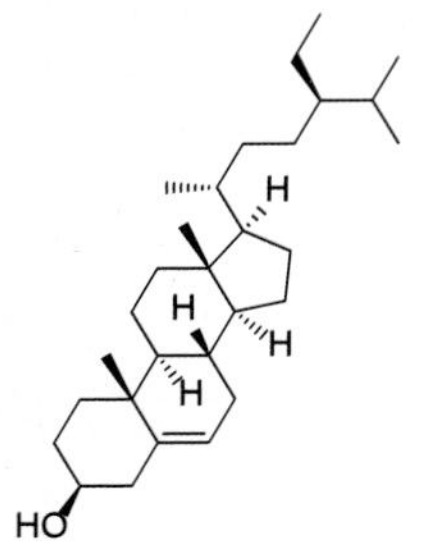　*β*-Sitosterol 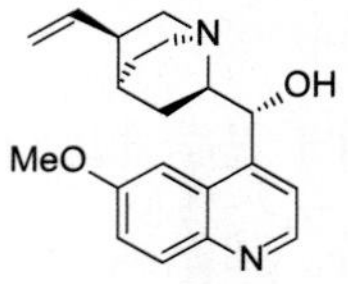　Quinine

【美白活性研究】

滇黄精干制、蒸制和酒制提取物都能通过抑制酪氨酸酶和体外抗氧化能力来抑制黑色素形成。三类滇黄精提取物对酪氨酸酶的抑制率与添加量呈剂量依赖性，当添加量为 187.5 μg 时，抑制率最高，分别为 46.4%、32.6% 和 105.8%[2]。滇黄精种子的抗氧化物酶活性为（148.24 ± 11.50）U/g[3]，具有开发为中药化妆品的潜力。

【参考文献】

[1] 田霞 , 吴楠 , 续若冰 , 等 . 滇黄精化学成分与提取、应用研究进展 [J]. 中国食品工业 , 2022, 18: 99–101.

[2] 施扬 , 王力川 , 马占林 , 等 . 滇黄精提取物成分与活性测定及细胞毒性评价 [J]. 日用化学工业 , 2020, 50(11): 788–792+798.

[3] 王晶晶 , 时金殿 , 李晨萱 , 等 . 多花黄精和滇黄精种子的营养成分及抗氧化物酶活性 [J]. 贵州农业科学 , 2022, 50(1): 90–95.

9. 棕榈 *Trachycarpus fortunei* (Hook.) H. Wendl.

【科属】棕榈科 Arecaceae/ 棕榈属 *Trachycarpus*

【别名】棕树

【主要特征】乔木状。树干圆柱形，被不易脱落的老叶柄基部和密集的网状纤维。叶片近圆形，深裂成 30~50 片具皱折的宽 2.5~4 cm、长 60~70 cm 的线状剑形裂片，裂片先端具短 2 裂或 2 齿，硬挺甚至顶端下垂；叶柄长 75~80 cm，甚至更长，两侧具细圆齿。花序粗壮，多次分枝，从叶腋抽出，常雌雄异株。雄花序长约 40 cm，具 2~3 个分枝花序，下部的分枝花序长 15~17 cm，一般只二回分枝；雄花无梗，常 2~3 朵密集着生于小穗轴上，黄绿色；花萼 3 片，花冠长为花萼 2 倍，花瓣阔卵形，雄蕊 6 枚；雌花序长 80~90 cm，花序梗长约 40 cm，其上有 3 个佛焰苞包着，具 4~5 个圆锥状的分枝花序；雌花淡绿色，通常 2~3 朵聚生；花无梗，球形，着生于短瘤突上，萼片阔卵形，3 裂，基部合生，花瓣卵状近圆形，长为萼片的 1/3，退化雄蕊 6 枚，心皮被银色毛。果实阔肾形，有脐，宽 11~12 mm，高 7~9 mm，成熟时由黄色变为淡蓝色，有白粉，柱头残留在侧面附近。

【花果期】花期 4 月，果期 12 月。

【生境】通常仅见栽培于海拔 100~2400 m 的四旁，罕见野生于疏林中。

【地理分布】分布于云南省的西北部、西部、中部至东南部的中海拔地区。秦岭以南各省（自治区）也有分布。国外主要分布于不丹、印度、缅甸、尼泊尔和越南等国。

【主要价值】可药用；花苞可食用；棕皮纤维可作绳索、蓑衣等；树形优美，可用于园林绿化。

【药典用途】

具有收敛止血的功效。用于治疗吐血、衄血、尿血、便血、崩漏等症。

【民间用途】

全株收敛止血，根能利尿，花为良好的降血压药。其棕皮纤维（叶鞘纤维）可用于制作绳索、编蓑衣、棕绷、地毡，还可用作刷子和沙发的填充材料等。

【化妆品原料】

中文名	淋洗类产品最高历史使用量（%）	驻留类产品最高历史使用量（%）
棕榈（*Trachycarpus fortunei*）提取物	—	—
棕榈（*Trachycarpus fortunei*）叶柄提取物	—	—

【化学成分研究】

主要结构类型：木脂素、挥发油、黄酮、三萜、多酚。

代表性成分及结构式：

5-O- 咖啡酰莽草酸（5-*O*-Caffeoylshikimic acid）、咖啡酸（Caffeic aicd）、咖啡酸甲酯（Methyl caffeate acid）、反式肉桂酸（Cinnamic acid）、香草酸

（Vanillic acid）、异阿魏酸（trans-Isoferulic acid）、反式阿魏酸（trans-Ferulic acid）、异香草酸（Isovanillic acid）、β- 谷甾醇（β-Sitosterol）。

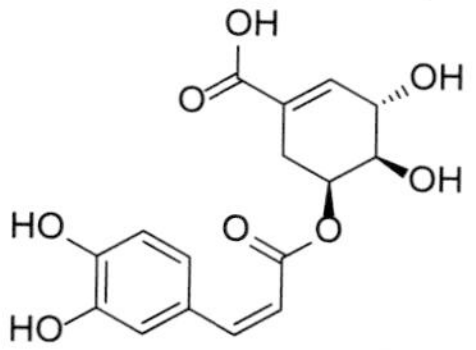

5-*O*-Caffeoylshikimic acid 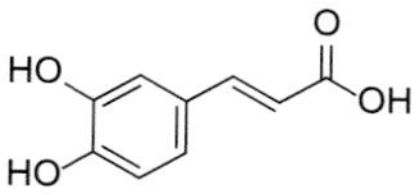　Caffeic acid 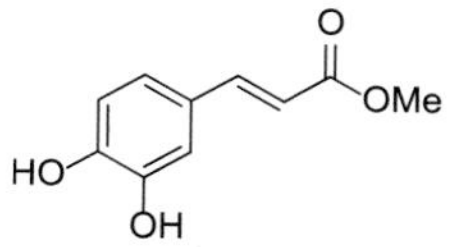　Methyl caffeate acid

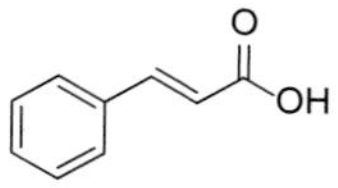

Cinnamic acid 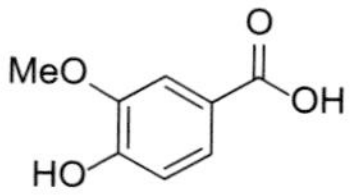　Vanillic acid 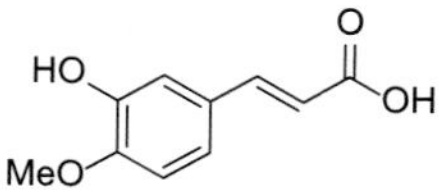　trans-Isoferulic acid

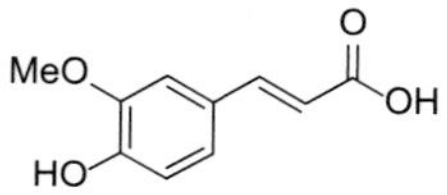

trans-Ferulic acid 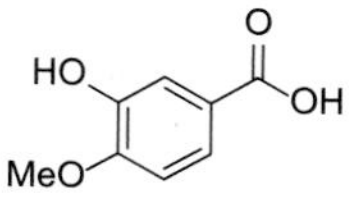　Isovanillic acid 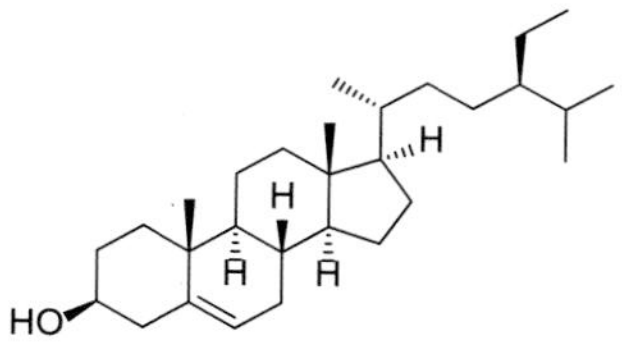　β-Sitosterol

【美白活性研究】

从棕榈纤维中提取的碱木质素，具有较高的紫外吸收率。分析表明，棕榈纤维中的苯酚、脂肪族羟基、芳香环和三键结构等紫外吸收官能团使其具有优异的紫外吸收性能[1]。此外，棕榈花苞提取物对 DPPH 的最高清除率为 92.05%，对 ABTS 清除率为 63.82%[2]，具备一定的抗氧化能力，因此，棕榈提取物可能通过减少紫外损伤、抗氧化等途径减缓肌肤色素沉着问题。

【参考文献】

[1] Wang YL, Xiao XY, Wang S, et al. Exploration on UV-Blocking performance of lignin from palm (*Trachycarpus Fortunei*) Fiber[J]. Journal of Natural Fibers, 2019, 18(1): 71-79.

[2] 刘龙云 , 吴彩娥 , 李婷婷 , 等 . 棕榈花苞抗氧化成分提取及体外抗氧化活性研究 [J]. 林业工程学报 , 2017, 2(01): 70-77.

10. 稻 *Oryza sativa* L.

【科属】禾本科 Poaceae/ 稻属 *Oryza*

【别名】水稻、稻子、稻谷

【主要特征】一年生水生草本。秆直立，高 0.5~1.5m，随品种而异。叶鞘松弛，无毛；叶舌披针形，长 10~25 cm，两侧基部下延长成叶鞘边缘，具 2 枚镰形抱茎的叶耳；叶片线状披针形，长 40 cm 左右，宽约 1 cm，无毛，粗糙。圆锥花序大型、疏展，长约 30 cm，分枝多，棱粗糙，成熟期向下弯垂；小穗含 1 成熟花，两侧甚压扁，长圆状卵形至椭圆形，长约 10 mm，宽 2~4 mm；颖极小，仅在小穗柄先端留下半月形的痕迹，退化外稃 2 枚，锥刺状，长 2~4 mm；两侧孕性花外稃质厚，具 5 脉，中脉成脊，表面有方格状小乳状突起，厚纸质，遍布细毛端毛较密，有芒或无芒；内稃与外稃同质，具 3 脉，先端尖而无喙；雄蕊 6 枚，花药长 2~3 mm。颖果长约 5 mm，宽约 2 mm，厚约

1~1.5 mm。

【花果期】花期 4—8 月（因品种和种植地区而异）。

【生境】生长于水田或旱田中。

【地理分布】广泛栽培。

【主要价值】重要粮食作物，可酿酒，制淀粉。米糠可作饲料；稻秆可作编织和造纸原料。

【药典用途】

具有消食和中、健脾开胃的功效。用于治疗食积不消、腹胀口臭、脾胃虚弱、不饥食少等症。

【民间用途】

可止汗收敛、强壮、镇静、退蛋白尿、温中止泻、消积、化痰等。用于治疗食欲不振、烦躁口渴、赤痢热燥、伤风发热等症。为主要粮食作物之一。

【化妆品原料】

中文名	淋洗类产品最高历史使用量（%）	驻留类产品最高历史使用量（%）
稻（*Oryza sativa*）酒糟水	—	—
稻（*Oryza sativa*）糠	10	1.25
稻（*Oryza sativa*）糠蜡	—	14.509
稻（*Oryza sativa*）糠水	—	84.839
稻（*Oryza sativa*）糠提取物	—	35.54
稻（*Oryza sativa*）糠油	—	30
稻（*Oryza sativa*）糠油提取物	0.0001	—
稻（*Oryza sativa*）糠甾醇	—	0.0045
稻（*Oryza sativa*）壳粉	1.5	1.5
稻（*Oryza sativa*）壳提取物	—	—
稻（*Oryza sativa*）胚芽粉	5	1
稻（*Oryza sativa*）胚芽提取物	0.5	0.5
稻（*Oryza sativa*）胚芽油	—	20
稻（*Oryza sativa*）提取物	—	2.672

待续

续表

中文名	淋洗类产品最高历史使用量（%）	驻留类产品最高历史使用量（%）
稻（*Oryza sativa*）叶提取物	0.2	0.105
稻（*Oryza sativa*）糟提取物	—	24
稻（*Oryza sativa*）脂质	0.000 9	0.000 001
稻（*Oryza sativa*）籽水	—	68.569
稻米（*Oryza sativa*）淀粉	—	70
稻米（*Oryza sativa*）粉	—	33
稻米氨基酸类	—	0.2
稻米发酵产物滤液	—	68.245
水解稻（*Oryza sativa*）叶提取物	0.000 5	0.000 5

【化学成分研究】

主要结构类型：脂肪酸、挥发油、苯基化合物。

代表性成分及结构式：

棕榈酸（Palmitic acid）、油酸（Oleic acid）、辛醛（Octanal）、2-戊基呋喃（2-Amylfuran）、*α*-亚麻酸（*α*-Linolenic acid）、壬醛（Nonanal）、香草醛（Vanillin）、反式对香豆酸甲酯（trans-*p*-Coumaric acid methyl ester）、*N*-(trans-cinnamoyl) tryptamine。

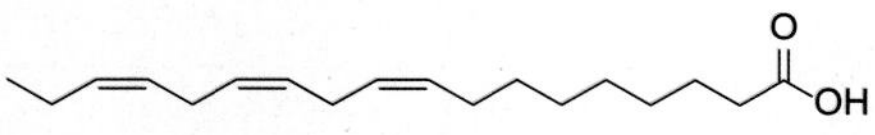

α-Linolenic acid 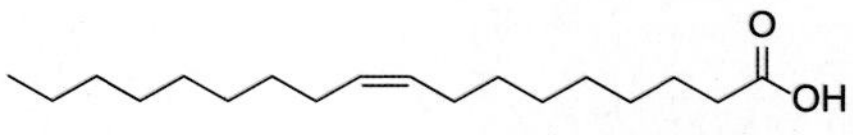　Oleic acid

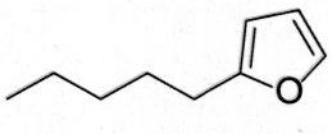

2-Amylfuran 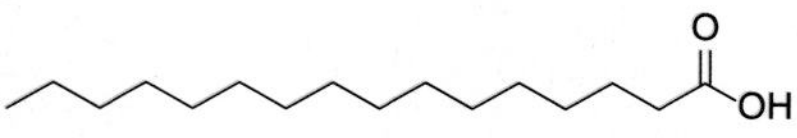　Palmitic acid 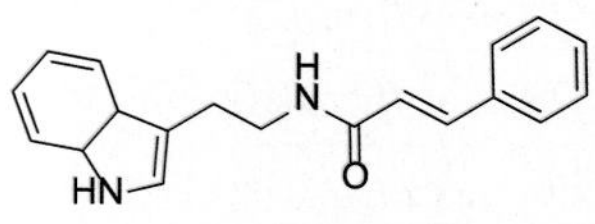　*N*-(trans-cinnamoyl)tryptamine

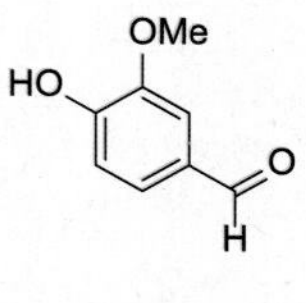

Vanillin 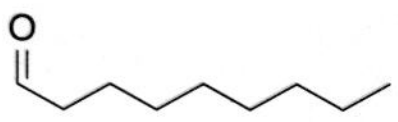　Nonanal 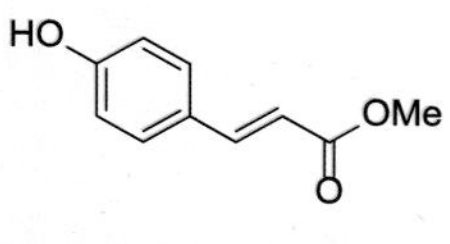　trans-*p*-Coumaric acid methyl ester 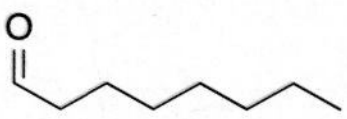　Octanal

【美白活性研究】

稻提取物以剂量依赖的方式抑制细胞酪氨酸酶、黑色素生成和细胞氧化，如所含化合物 trans-*p*-Coumaric acid methyl ester 和 N-（trans-cinnamoyl）tryptamine 抑制酪氨酸酶的 IC_{50} 值分别为 0.48 μmol/L 和 0.26 μmol/L[1]。稻提取物含有的丰富的酚类化合物，通过其抗氧化和抗酪氨酸酶特性对黑色素有抑制作用[2]。有研究发现，稻米发酵原浆的美白效果相当于 0.776% 的熊果苷效果，具有较强的美白功效[3]。

用不同溶剂对粳稻（*Oryza sativa*）依次进行提取，提取物对单酚酶抑制的 IC_{50} 值为 3.66 mg/mL（正己烷）、4.61 mg/mL（乙酸乙酯）、3.22 mg/mL（甲醇）。对二酚酶抑制的 IC_{50} 值分别为 3.71 mg/mL、4.24 mg/mL、3.77 mg/mL[4]。从水稻根甲醇水提物中分离出的化合物 3,6-diferuloyl-3′,6′-diacetyl sucrose 和 smilaside A 浓度为 200 μmol/L 时对酪氨酸酶活性抑制的 IC_{50} 值分别为（47.33 ± 0.99）μmol/L 和（45.13 ± 0.87）μmol/L[5]。

【参考文献】

[1] Cho JG, Huh J, Jeong RH, et al. Inhibition effect of phenyl compounds from the *Oryza sativa* roots on melanin production in murine B16F10 melanoma cells[J]. Natural Product Research, 2015, 29(11): 1052-1054.

[2] Rodboon T, Okada S, Suwannalert P. Germinated riceberry rice enhanced protocatechuic acid and vanillic acid to suppress melanogenesis through cellular oxidant-related tyrosinase activity in B16 cells[J]. Antioxidants, 2020, 9(3): 247.

[3] Lee SJ, Cho KJ, Seo WD, et al. Skin whitening composition comprising extract of *Oryza sativa* cv. Chilbo: KR, 1020120058781A[P]. 2012-06-08.

[4] Batubara I, Maharni M, Sadiah S. The potency of white rice (*Oryza sativa*), black rice (*Oryza sativa* L. indica), and red rice (*Oryza nivara*) as antioxidant and tyrosinase inhibitor[J]. Journal of Physics: Conference Series, 2017, 824: 012017.

[5] Cho JG, Cha BJ, Seo WD, et al. Feruloyl sucrose esters from *Oryza sativa* roots and their tyrosinase inhibition activity[J]. Chemistry of Natural Compounds, 2015, 51: 1094-1098.

11. 薏苡 *Coix lacryma-jobi* L.

【科属】禾本科 Poaceae/ 薏苡属 *Coix*

【别名】菩提子、五谷子、草珠子、大薏苡、念珠薏苡

【主要特征】一年或多年生粗壮草本。秆高 1~1.5 m。叶条状披针形，宽 1.5~3 cm。总状花序成束腋生；小穗单性；雄小穗复瓦状排列于总状花序上部，自珐琅质呈球形或卵形的总苞中抽出，2~3 枚生于各节，1 无柄，其余 1~2 有柄，无柄小穗长 6~7 mm；雌小穗位于总状花序基部，包藏于总苞中，2~3 枚生于一节，只 1 枚结实。

【花果期】花果期 6—12 月。

【生境】多生长于海拔 200~2000 m 的湿润的屋旁、池塘、河沟、山谷、溪涧或易受涝的农田等地方，野生或栽培。

【地理分布】云南省温暖地区有野生或栽培。安徽、福建、广东、广西、贵州、海南、河北、黑龙江、河南、湖北、湖南、江苏、江西、辽宁、内蒙古、宁夏、陕西、山东、山西、四川、台湾、新疆、浙江等省（自治区）也有分布。国外主要分布于不丹、印度、印度尼西亚、老挝、马来西亚、缅甸、尼泊尔、新几内亚、菲律宾、斯里兰卡、泰国和越南等国。

【主要价值】可供面食或酿酒，或入药，亦可作工艺品；秆和叶可作造纸原料。

【药典用途】

具有利水渗湿、健脾止泻、除痹、排脓、解毒散结的功效。用于治疗水肿、脚气、小便不利、脾虚泄泻、湿痹拘挛、肺痈、肠痈、赘疣、癌肿等症。

【民间用途】

具有健脾、补肺、清热、利湿的功效。可治肺痈、湿重腰疼、风湿性关节炎等症。薏苡仁可食用，秸秆可作饲料。

【化妆品原料】

中文名	淋洗类产品最高历史使用量（%）	驻留类产品最高历史使用量（%）
薏苡（*Coix lacryma-jobi*）水	—	0.04985
薏苡（*Coix lacryma-jobi*）提取物	2.0834	0.5
薏苡（*Coix lacryma-jobi*）籽提取物	18.728	7.2

【化学成分研究】

主要结构类型：脂肪酸及其酯、黄酮、酰胺、甾醇、萜、多糖、生物碱。

代表性成分及结构式：

α-单亚麻酯（*α*-Monolinolein）、棕榈酸（Palmitic acid）、四氢哈尔明碱（Tetrahydroharmin）、橘皮素（Tangeretin）、柚皮素（Naringenin）、甘草素（Liquiritigenin）、薏苡素（Coixol）、豆甾醇（Stigmasterol）、木栓酮

（Friedelin）。

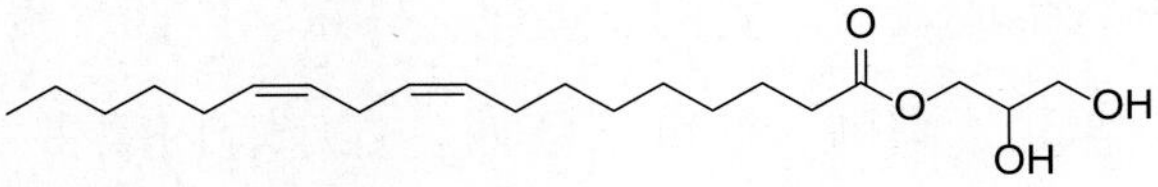

α-Monolinolein 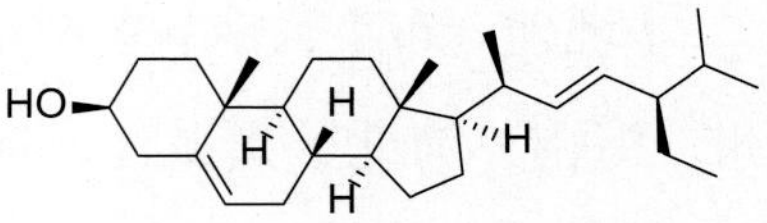　Stigmasterol

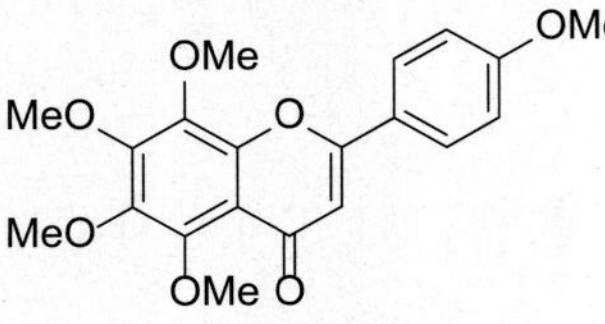

Tangeretin 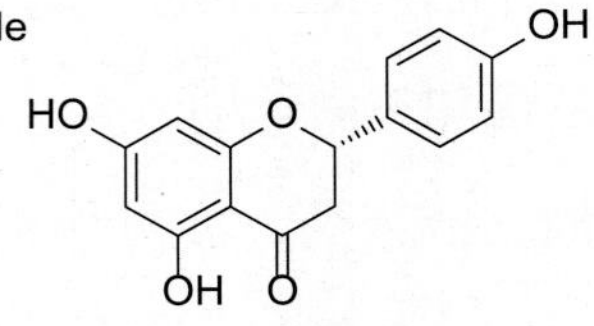　Naringenin 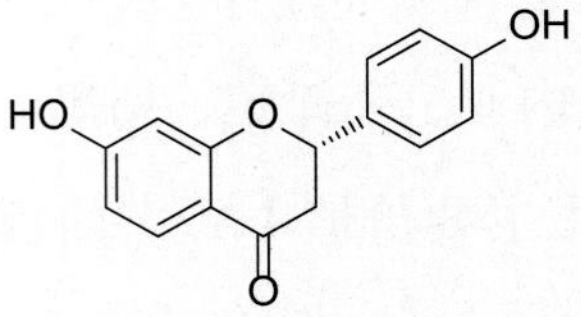　Liquiritigenin

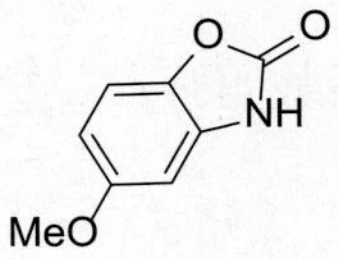

Coixol 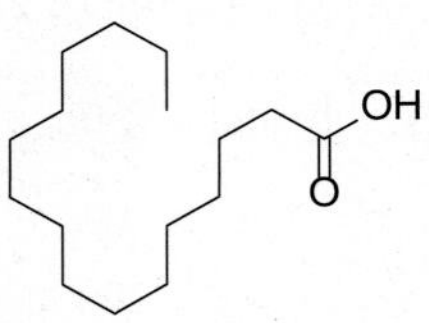　Palmitic acid 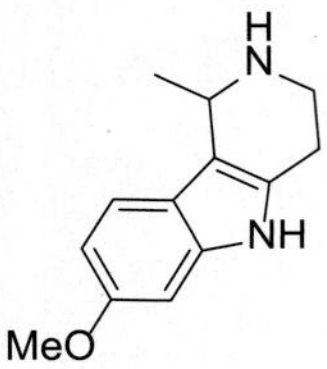　Tetrahydroharmin 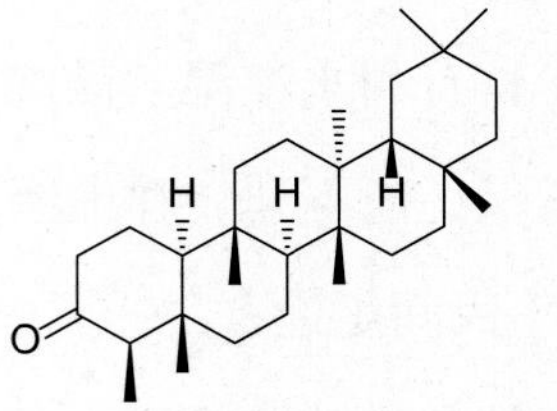　Friedelin

【美白活性研究】

薏苡仁提取液针对酪氨酸酶的半数抑制浓度（IC_{50}）为 1.4 mg/mL[1]；薏苡茎提取后的多酚样品中多酚对 O^{2-}、•OH 和 DPPH 自由基均有一定的清除能力[2]；薏苡仁总黄酮抗氧化能力和 DPPH 自由基清除率随其质量浓度的增加而增加，当浓度为 12 mg/mL 时，自由基清除率为 91.1%[3]。

薏苡仁乙醇提取物在终浓度为 320 μg/mL 时对黑色素有约 50% 的抑制作用，但对细胞有明显的毒性作用。浓度为 160 μg/mL 时，对细胞内黑素生成约有 22% 的抑制作用，但对细胞没有明显毒性。以 B16F10 黑色素瘤细胞为研究对象，对从薏苡仁提取物中分离出的 10 个化合物进行活性评估。其中，2–O–β–glucopyranosyl–7–methoxy–2H–1,4–benzoxazin–3(4H)–one、syringic acid、coixol (6–methoxybenzoxazolinone) 和 ferulic acid 在终浓度为 20 μmol/L 时对细胞内黑素生成具有较强的抑制作用，细胞内黑色素含量分别下降至（60.81 ± 1.93）%、

（68.37 ± 4.72）%、（58.32 ± 1.44）% 和（69.91 ± 4.30）%，且无明显的细胞毒性。其他化合物也表现出一定的活性。9-*β*-D-glucopyranosyl adenine 在终浓度 20 μmol/L 时显示出约 20% 的黑素生成抑制作用[4]。

【参考文献】

[1] 严航，唐婷，干丽，等．薏苡仁提取物对酪氨酸酶抑制作用 [J]. 中成药，2013, 35(04): 696–699.

[2] 覃丽，蓝琳云，张强，等．薏苡茎多酚的体外抗氧化活性研究 [J]. 食品工业，2017, 38(12): 177–179.

[3] 李志．超声波提取薏苡仁中总黄酮工艺及抗氧化活性的研究 [J]. 四川理工学院学报（自然科学版）, 2019, 32(01): 16–23.

[4] Amen Y, Arung ET, Afifi MS, et al. Melanogenesis inhibitors from *Coix lacryma-jobi* seeds in B16-F10 melanoma cells[J]. Natural Product Research, 2017, 31(23): 2712–2718.

12. 升麻 *Actaea cimicifuga* L.

【科属】毛茛科 Ranunculaceae/ 类叶升麻属 *Actaea*

【别名】绿升麻

【主要特征】多年生草本。根状茎粗壮。茎高 1~2 m，基部粗达 1.4 cm，分枝，被短柔毛。叶为二至三回三出羽状复叶；茎下部的叶片三角形，宽达 30 cm ；顶生小叶具长柄，菱形，长 7~10 cm，宽 4~7 cm，常浅裂，边缘有锯齿，侧生小叶具短柄或无柄，斜卵形，比顶生小叶略小，表面无毛，背面沿脉疏被白色柔毛；叶柄长达 15 cm。上部的茎生叶较小，具短柄或无柄。花序轴密被灰色或锈色腺毛及短毛；苞片钻形，比花梗短；花两性；萼片倒卵状圆形，白色或绿白色，长 3~4 mm ；退化雄蕊宽椭圆形，长约 3 mm，顶端微凹或二浅裂，几膜质；雄蕊长 4~7 mm，花药黄色或黄白色；心皮 2~5 个，密被灰色毛，无柄或有极短的柄。蓇葖长圆形，长 8~14 mm，宽 2.5~5 mm，有伏毛，基部渐狭成长 2~3 mm 的柄，顶端有短喙；种子椭圆形，褐色，长 2.5~3 mm，有横向的膜质鳞翅，四周有鳞翅。

【花果期】7—9 月开花，8—10 月结果。

【生境】生长于海拔 2200~4100 m 的林内、草地或山坡上。

【地理分布】分布于德钦、中甸、贡山、泸水、丽江、鹤庆、大理、腾冲、镇康、禄劝、嵩明、彝良、巧家等地。西藏、四川、青海、甘肃、陕西、河南西部和山西等省（自治区）也有分布。国外主要分布于蒙古和俄罗斯。

【主要价值】可药用，也可作土农药。

【药典用途】

具有发表、透疹、清热解毒、升举阳气的功效。用于治疗风热头痛、齿痛、口疮、咽喉肿痛、麻疹不透、阳毒发斑、脱肛、子宫脱垂等症。

【民间用途】

被我国藏族、彝族、白族等少数民族在民间广泛应用，主要用于治疗头痛、牙痛、咽喉痛、外伤及肿痛、麻疹、妇科疾病等症。

【化妆品原料】

中文名	淋洗类产品最高历史使用量（%）	驻留类产品最高历史使用量（%）
大三叶升麻（*Cimicifuga heracleifolia*）提取物	—	0.098
升麻（*Cimicifuga foetida*）提取物	—	—
兴安升麻（*Cimicifuga dahurica*）[1]根提取物	16.014	5.375 2
兴安升麻（*Cimicifuga dahurica*）提取物	—	—

[1] 大三叶升麻、单穗升麻、升麻、兴安升麻，同属于类叶升麻属，且《中国药典》中明确升麻药材取自“大三叶升麻、升麻或兴安升麻”，故在此一并列出。*Cimicifuga foetida* 是升麻（*Actaea cimicifuga*）的拉丁异名。

【化学成分研究】

主要结构类型：三萜皂苷、酚酸、甾醇。

代表性成分及结构式[1]：

升麻醇（Cimigenol）、升麻酮（Cimigenol-3-one）、阿魏酸（Ferulic acid）、异阿魏酸（Isoferulic acid）、咖啡酸（Caffeic acid）、刺芒柄花素（Formononetin）、升麻素（Cimifugin）、升麻苷（Prim-*O*-glucosylcimifugin）、*β*-谷甾醇（*β*-Sitosterol）。

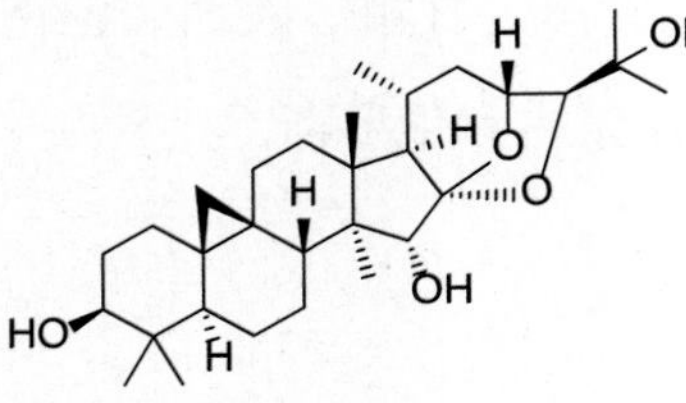

Cimigenol 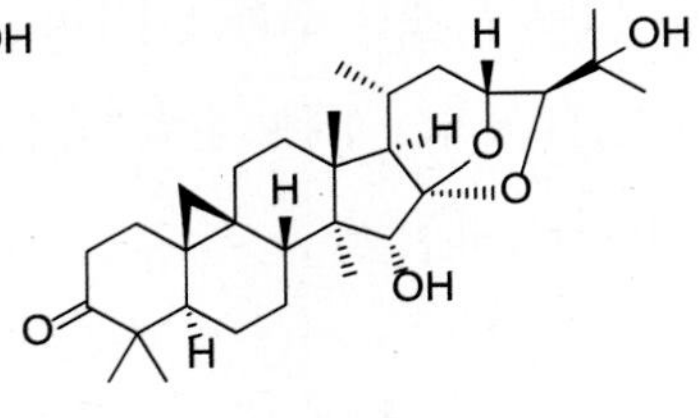　　Cimigenol-3-one 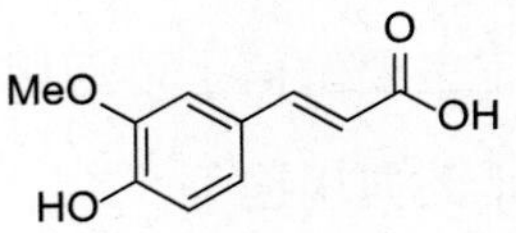　　Ferulic acid

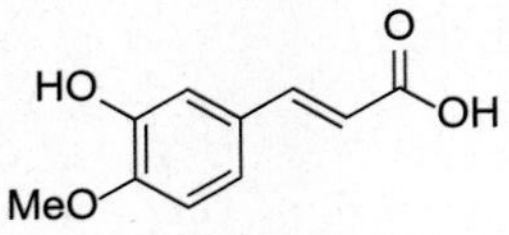

Isoferulic acid 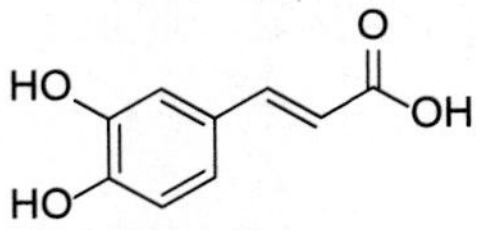　　Caffeic acid 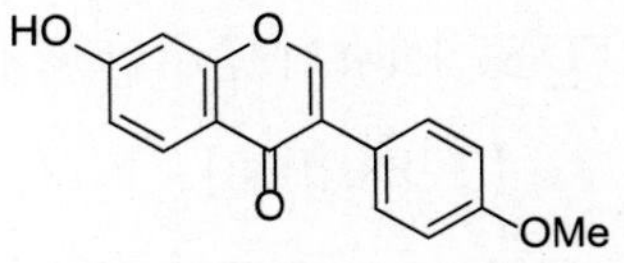　　Formononetin

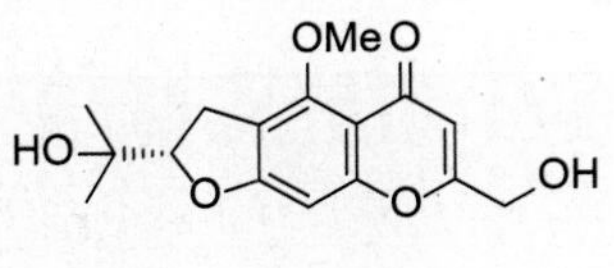

Cimifugin 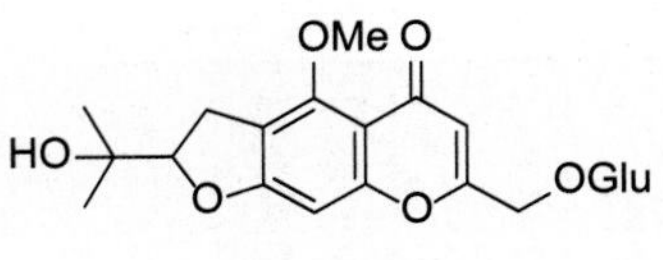　　Prim-*O*-glucosylcimifugin 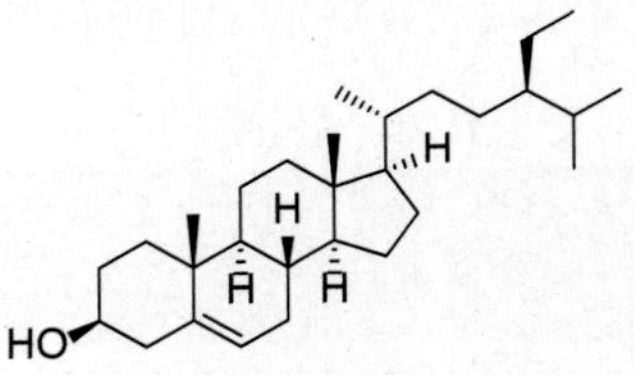　　*β*-Sitosterol

【美白活性研究】

研究发现，浓度为 3 mg/mL 的升麻 95% 乙醇提取物溶液对酪氨酸酶抑制率为 33.5%[2]。此外，实验结果表明，异阿魏酸能有效抑制蘑菇酪氨酸酶的单酚酶和二酚酶活性，异阿魏酸对单酚酶和二酚酶抑制的 IC_{50} 值分别为 0.13 mmol/L 和 0.39 mmol/L[3]。

升麻在白酒浸提、白醋浸提、95% 乙醇索氏提取、热水煎煮的不同提取工艺下，对酪氨酸酶均具有激活作用，激活率分别为297.6%、92.3%、164.6%、144.4%[4]。

【参考文献】

[1] 刘垠泽，慕雪，李沛檑，等．升麻化学成分及现代药理作用研究进展 [J]. 中国野生植物资源，2023, 42(05): 1–8.

[2] 叶孝兆，龚盛昭，彭剑勇，等．富含苯丙烯酸的天然植物提取物对酪氨酸酶活性的影响 [J]. 广东化工，2009, 36(12): 21–22+30.

[3] Gong S, Yin M, Yun Z. Kinetics of inhibitory effect of isoferulic acid on mushroom tyrosinase[J]. Journal of Cosmetic Science, 2013, 64(04): 235–41.

[4] 陈卓，叶凤，王雪梅．17 种中草药提取液酪氨酸酶激活能力的对比研究 [J]. 安徽大学学报（自然科学版），2023, 47(02): 84–90.

13. 虎耳草 *Saxifraga stolonifera* Curtis

【科属】虎耳草科 Saxifragaceae/ 虎耳草属 *Saxifraga*

【别名】天青地红、通耳草、耳朵草、丝棉吊梅、金丝荷叶、天荷叶、老虎耳、金线吊芙蓉、石荷叶

【主要特征】多年生草本，高 14~45 cm，有细长的匍匐茎。叶全部基生或有时 1~2 片叶生茎下部；叶片肾形，长 1.7~7.5 cm，宽 2.4~12 cm，不明显地浅裂，两面有长伏毛，下面常红紫色或有斑点；叶柄长 3~21 cm，与茎都被长柔毛。圆锥花序稀疏；花梗有短腺毛；花不整齐；萼片 5 片，稍不等大，卵形，长 1.8~3.5 mm；花瓣 5 个，白色，上面 3 个较小，长 2.8~4 mm，有红斑点，下面 2 个大，披针形，长 0.8~1.5 cm；雄蕊 10 个；心皮 2 片，合生。

【花果期】花果期 4—11 月。

【生境】生长于海拔 400~4500 m 的林下、灌丛、草甸和阴湿岩隙中。

【地理分布】分布于西畴、镇雄、绥江等地。安徽、福建、甘肃、广东、广西、贵州、河北、河南、湖北、湖南、江苏、江西、陕西、山西、四川、台湾、浙江等省（自治区）也有分布。国外主要分布于日本和韩国。

【主要价值】可药用。

【药典用途】

具有祛风清热，凉血解毒的功效。

【民间用途】

用于治疗风疹湿疹、化脓性中耳炎、外伤出血、丹毒、肺热咳喘、肺痈、疖肿及慢性支气管炎等症。

【化妆品原料】

中文名	淋洗类产品最高历史使用量（%）	驻留类产品最高历史使用量（%）
虎耳草（*Saxifraga stolonifera*）提取物	—	0.2
虎耳草（*Saxifraga stolonifera*）叶粉	—	—
草莓虎耳草（*Saxifraga sarmentosa*）[1]提取物	—	3

【化学成分研究】

主要结构类型：黄酮、苯丙素、有机酸、萜类、甾体、酚。

代表性成分及结构式：

芦丁（Rutin）、槲皮素（Quercetin）、岩白菜素（Bergenin）、没食子酸（Gallic acid）、原儿茶酸（Protocatechuic acid）、熊果酸（Ursolic acid）、齐墩果酸（Oleanolic acid）、β- 谷甾醇（β-Sitosterol）、杜鹃花素（Rhododendrin）。

[1] 草莓虎耳草（*Saxifraga sarmentosa*）是虎耳草（*Saxifraga stolonifera*）的拉丁异名。

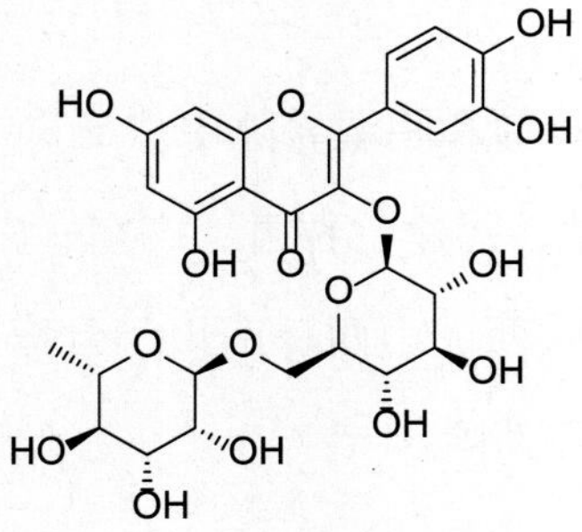

Rutin 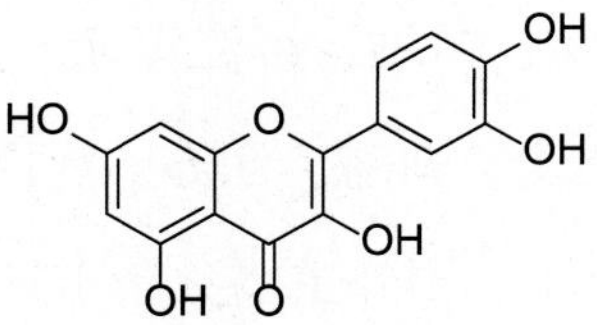　Quercetin 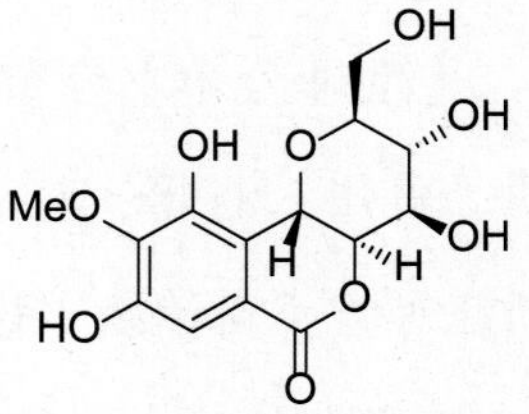　Bergenin

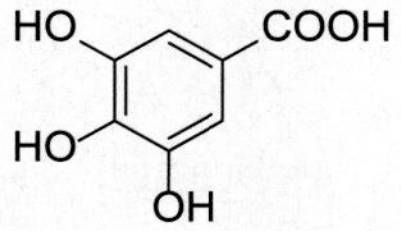

Gallic acid 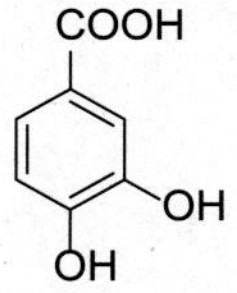　Protocatechuic acid 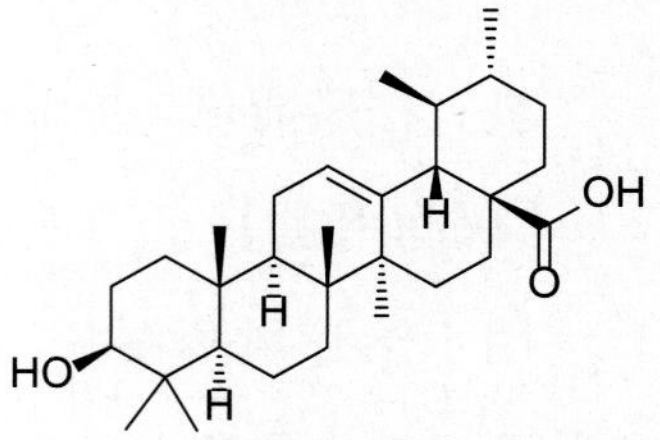　Ursolic acid

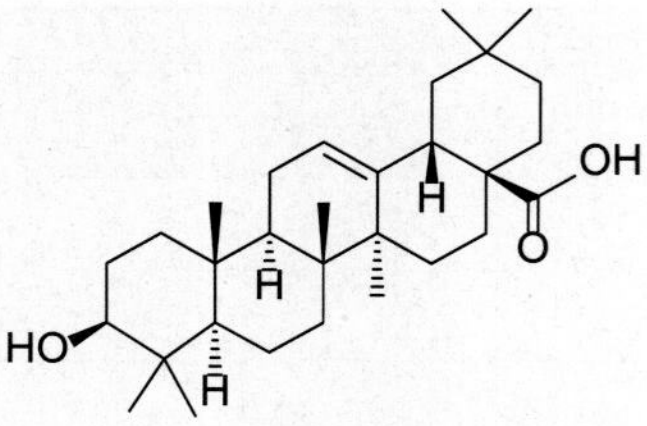

Oleanolic acid 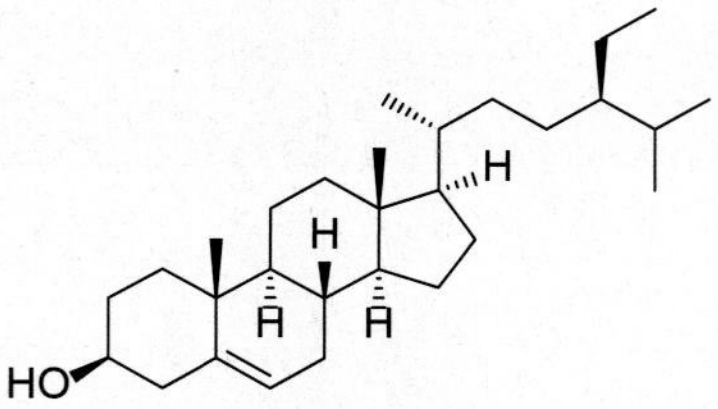　β-Sitosterol 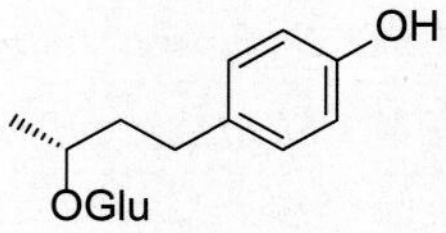　Rhododendrin

【美白活性研究】

虎耳草提取物能够抑制酪氨酸酶的活性，在浓度为 4000 μg/mL 时对酪氨酸酶的抑制率为 79.25%；当提取液浓度在 250~4000 μg/mL 时，对酶活力的抑制率逐渐增强；而当提取液浓度大于 4000 μg/mL 时，对酶活力的抑制率迅速降低[1]。虎耳草提取物能有效阻断黑色素的形成，减少色素沉着，加速黑色素的分解和排泄[2]。而且，虎耳草提取物还能提高皮肤的抗氧化性[3]，对皮肤有很好的嫩滑美白效果。

【参考文献】

[1] 张立萍，佘秋钿，范敏，等．虎耳草活性成分的提取及功效评价 [J]. 广州

化学, 2021, 46(01): 39–44.

[2] 刘志彬, 高源, 李峻青. 一种美白淡斑精华液及其制备方法: 中国, CN108042412A[P]. 2018–05–18.

[3] Yoon MY, Lim HW, Sim SS, et al. Anti–oxidant and anti–aging activity on *Saxifraga stolonifera* meerburgh ethanol extract[J]. Yakhak Hoechi, 2007, 51(5): 343–349.

14. 大齿牛果藤 *Nekemias grossedentata* (Hand.–Mazz.) J. Wen & Z. L. Nie

【科属】葡萄科 Vitaceae/ 牛果藤属 *Nekemias*

【别名】显齿蛇葡萄

【主要特征】木质藤本。小枝圆柱形，有显著纵棱纹，无毛。卷须 2 叉分枝，相隔 2 节间断与叶对生。叶为 1~2 回羽状复叶，2 回羽状复叶者基部一对为 3 小叶，小叶卵圆形、卵椭圆形或长椭圆形，长 2~5 cm，宽 1~2.5 cm，顶端急尖或渐尖，基部阔楔形或近圆形，边缘每侧有 2~5 个锯齿，两面均无毛；侧脉 3~5 对；叶柄长 1~2 cm，无毛；托叶早落。花序为伞房状多歧聚伞花序，与叶对生；花序梗长 1.5~3.5 cm，无毛；花梗长 1.5~2 mm，无毛；花蕾卵圆形，高 1.5~2 mm，顶端圆形，无毛；萼碟形，边缘波状浅裂，无毛；花瓣 5 个，卵椭圆形，高 1.2~1.7 mm，无毛；雄蕊 5 个，花药卵圆形，花盘明显，波状浅裂；子房下部与花盘合生，花柱钻形，柱头不明显扩大。果近球形，直径 0.6~1 cm；种子 2~4 枚，倒卵圆形，顶端圆形，基部有短喙。

【花果期】花期 5—8 月，果期 8—12 月。

【生境】生长于海拔 200~1500 m 的沟谷林或山坡灌丛中。

【地理分布】分布于思茅、景洪、勐腊、蒙自、屏边、河口、富宁、文山、麻栗坡、西畴等地。福建、广东、广西、贵州、湖北、湖南和江西等省（自治区）也有分布。国外主要分布在越南。

【主要价值】可药用。

【药典用途】

甘、淡、凉，归肺、肝、胃经。具有清热解毒、利湿消肿的功效。

【民间用途】

用于感冒发热、咽喉肿痛、湿热黄疸、目赤肿痛、痈肿疮疖等症。还可用作制茶的原料，加工制作成藤茶饼、藤茶含片、藤茶饮料、藤茶果冻等食品。果实可酿酒，种子可榨取植物油。

【化妆品原料】

中文名	淋洗类产品最高历史使用量（%）	驻留类产品最高历史使用量（%）
显齿蛇葡萄（*Ampelopsis grossedentata*）[1]提取物	—	—
显齿蛇葡萄（*Ampelopsis grossedentata*）叶提取物	0.01	0.01

【化学成分研究】

主要结构类型：黄酮、酚、甾体、萜类化合物、挥发油、多糖、氨基酸、微量元素。

---

[1] 显齿蛇葡萄（*Ampelopsis grossedentata*）是大齿牛果藤（*Nekemias grossedentata*）的植物俗名与拉丁异名。

代表性成分及结构式：

二氢杨梅素（Ampelopsin）、芹菜素（Apigenin）、杨梅素（Myricetin）、橙皮素（Hesperetin）、儿茶素（Catechin）、没食子酸（Gallic acid）、齐墩果酸（Oleanolic acid）、β-谷甾醇（β-Sitosterol）、α-萜品醇（α-Terpineol）。

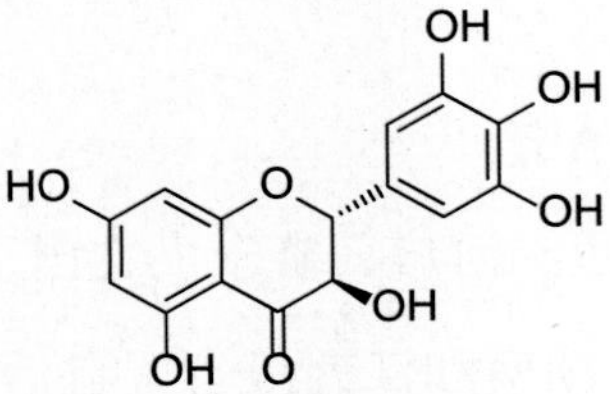

Ampelopsin 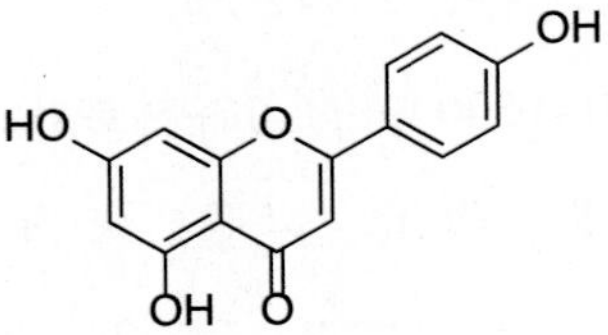　Apigenin 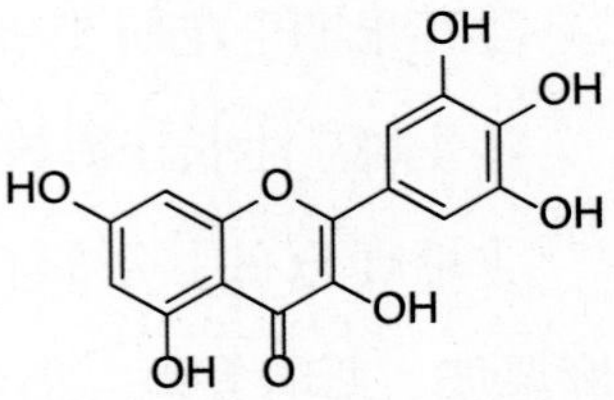　Myricetin

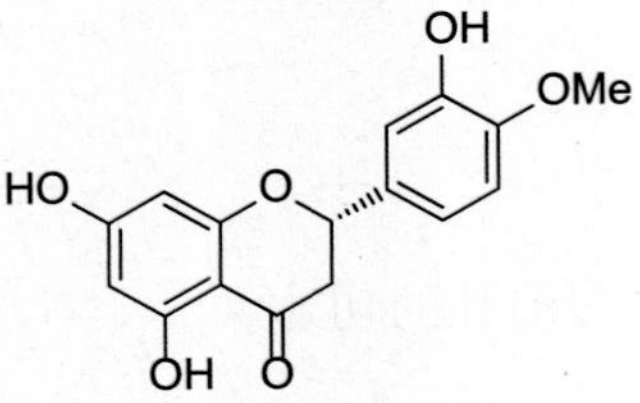

Hesperetin 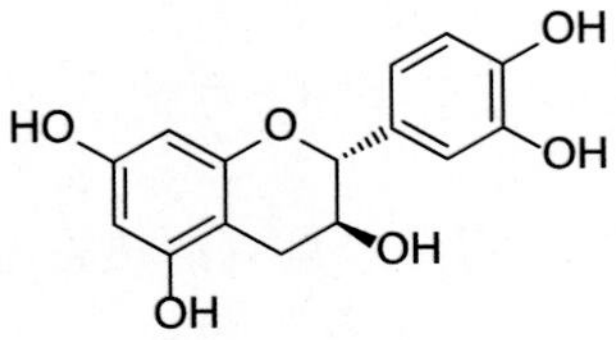　Catechin 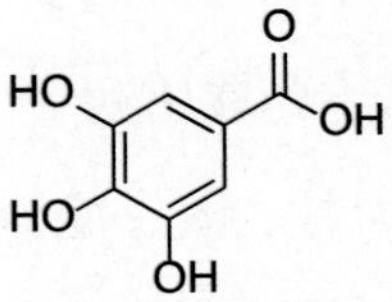　Gallic acid

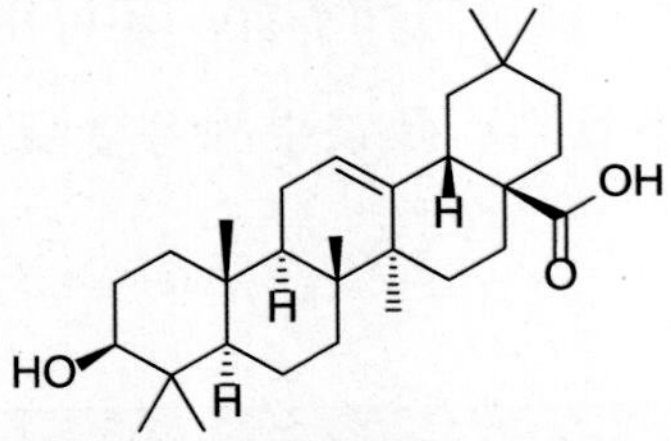

Oleanolic acid 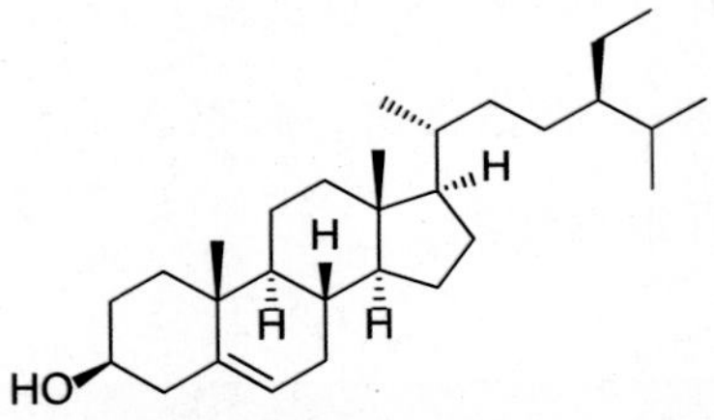　β-Sitosterol 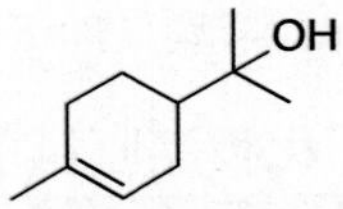　α-Terpineol

【美白活性研究】

显齿蛇葡萄中二氢杨梅素可抑制小鼠 B16F10 黑色素瘤细胞黑素的生成，具有抗黑色素生成的皮肤病学效应和潜在的细胞内抗氧化活性。二氢杨梅素抑制作用通过下调 PKA、MAPK 和 PKC 信号通路或作为细胞内抗氧化剂发挥作用[1]。通过测定丙二醛吸光值及过氧化物值来评价抗氧化作用，发现抗坏血酸和柠檬酸可提高显齿蛇葡萄中双氢杨梅素的抗氧化作用[2]。黄酮类和酚类是显齿蛇葡萄茎提取物中主要负责 DPPH 自由基清除活动的物质，其中二氢杨梅素清除

DPPH 的能力高于芦丁；当二氢杨梅素浓度达 50 mg/L 时，其 DPPH 清除率高于 VC [3]。

【参考文献】

[1] Huang HC, Liao CC, Peng CC, et al. Dihydromyricetin from *Ampelopsis grossedentata* inhibits melanogenesis through down–regulation of MAPK, PKA and PKC signaling pathways[J]. Chemico–Biological Interactions, 2016, 258: 166–174.

[2] 常敬芳 . 显齿蛇葡萄茎主要活性成分含量测定及其指纹图谱研究 [D]. 广西 : 广西中医药大学 , 2018.

[3] 刘慧颖 , 崔秀明 , 刘迪秋 , 等 . 显齿蛇葡萄的化学成分及药理作用研究进展 [J]. 安徽农业科学 , 2016, 44(27): 135–138.

15. 苦参 *Sophora flavescens* Aiton

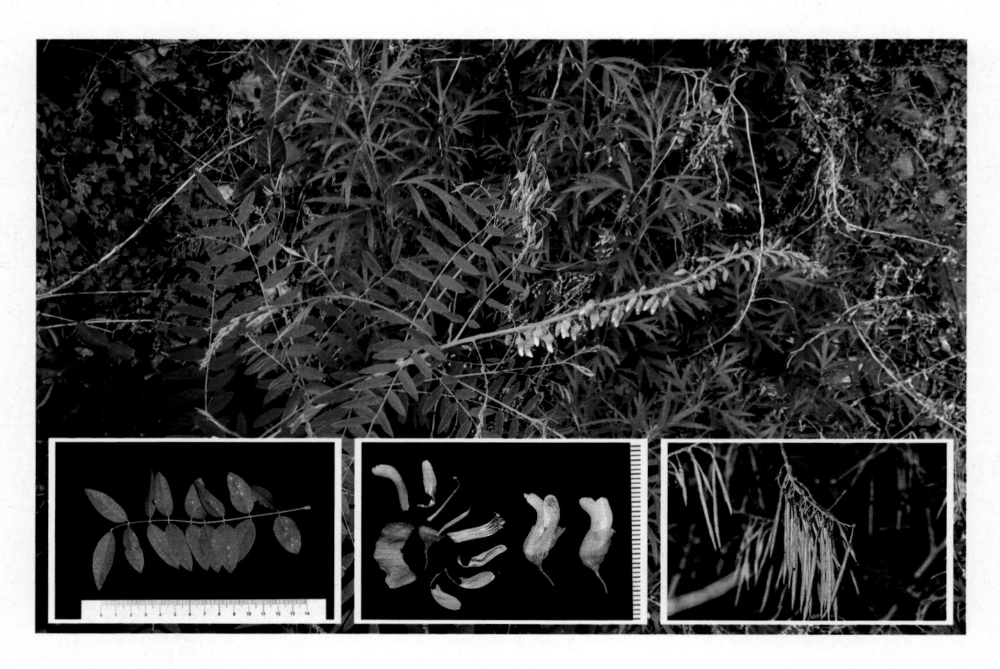

【科属】豆科 Fabaceae/ 苦参属 *Sophora*

【别名】野槐、山槐、白茎地骨、地槐、牛参、好汉拔

【主要特征】常为草本或亚灌木。茎具纹棱，幼时疏被柔毛，后脱落。羽状复叶长达 25 cm；托叶披针状线形，渐尖，长约 6~8 mm；小叶 6~12 对，互生或近对生，纸质，形状多变，长 3~4 或 3~6 cm，宽 0.5~2 或 1.2~2 cm，先端钝或急尖，基部宽楔开或浅心形，上面无毛，下面疏被灰白色短柔毛或近无毛。总状花序顶生，长 15~25 cm；花多数；花梗纤细，长约 7 mm；苞片线形，长约 2.5 mm；花萼钟状，明显歪斜，具不明显波状齿，完全发育后近截平，长约 5 mm，宽约 6 mm，疏被短柔毛；花冠比花萼长 1 倍，白色或淡黄白色；旗瓣倒卵状匙形，长 14~15 mm，宽 6~7 mm，先端圆形或微缺，基部渐狭成柄，柄宽

3 mm；翼瓣单侧生，强烈皱褶几达瓣片顶部，柄与瓣片近等长，长约 13 mm；龙骨瓣与翼瓣相似，稍宽，约 4 mm；雄蕊 10 枚，分离或近基部稍连合。荚果长 5~10 cm，呈不明显串珠状，稍四棱形，疏被短柔毛或近无毛，成熟后开裂成 4 瓣，有种子 1~5 粒；种子长卵形，稍压扁，深红褐色或紫褐色。

【花果期】花期 6—8 月，果期 7—10 月。

【生境】生长于海拔 1500 m 以下的山坡、沙地草坡灌木林中或田野附近。

【地理分布】分布于巧家、维西、大理、漾濞、鹤庆、宁蒗、剑川、永胜、峨山、弥渡、昆明、罗平、景东、临沧等地。全国其余各省市、区也有分布。国外主要分布于印度、日本、韩国和俄罗斯等国。

【主要价值】根可药用；种子可作农药；茎皮纤维可织麻袋等。

【药典用途】

具有清热燥湿、杀虫、利尿的功效。用于治疗热痢、便血、黄疸尿闭、赤白带下、阴肿阴痒、湿疹、湿疮、皮肤瘙痒、疥癣麻风等症；外治滴虫性阴道炎。

【民间用途】

具有凉血、清热、利湿、祛风、杀虫、解毒消肿的功效。用于急性痢疾、阿米巴痢疾、肠炎、黄疸渗出性胸膜炎、结核性胸膜炎（腹水型）、尿路感染、小便不利、白带、痔疮、外阴痒、阴道滴虫、天疽等病症的治疗。

【化妆品原料】

中文名	淋洗类产品最高历史使用量（%）	驻留类产品最高历史使用量（%）
苦参（*Sophora angustifolia*）[1]根提取物	—	4
苦参（*Sophora flavescens*）根粉	—	0.76
苦参（*Sophora flavescens*）根提取物	8.3333	2.126
苦参（*Sophora flavescens*）提取物	—	0.8
苦参碱	2.1	1.3

[1] *Sophora angustifolia* 是苦参（*Sophora flavescens*）的拉丁异名。

【化学成分研究】

主要结构类型：生物碱、黄酮、三萜皂苷、氨基酸、脂肪酸、甾醇、苯丙素、二苯甲酰。

代表性成分及结构式：

槐定碱（Sophoridine）、苦参黄素（Kurarinone）、次苦参素（Kuraridine）、脯氨酸（Proline）、亚油酸（Linoleic acid）、β-谷甾醇（β-Sitosterol）、松柏苷（(*E*)-Coniferin）、槐叶皂苷 A（Sophodibenzoside A）。

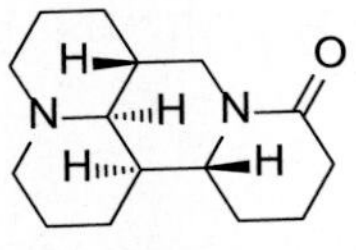

Sophoridine 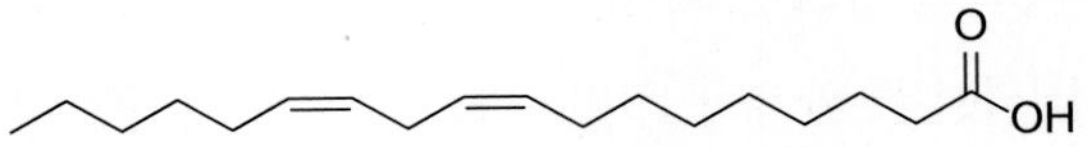　**Linoleic acid**

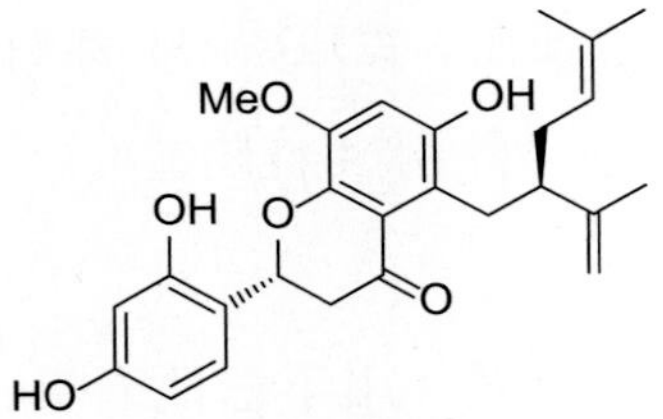

Kurarinone 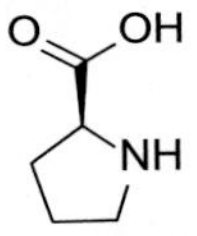　**Proline** 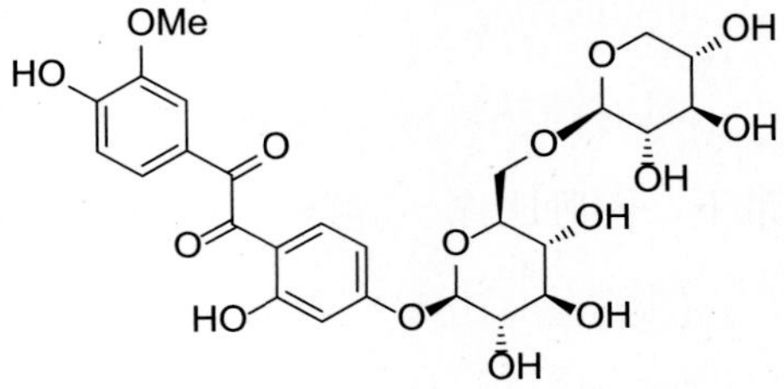　**Sophodibenzoside A**

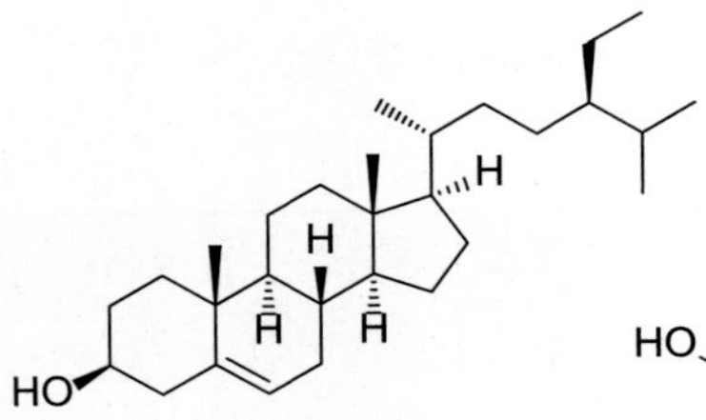

***β*-Sitosterol** 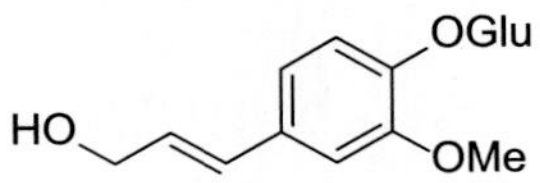　**(*E*)-Coniferin** 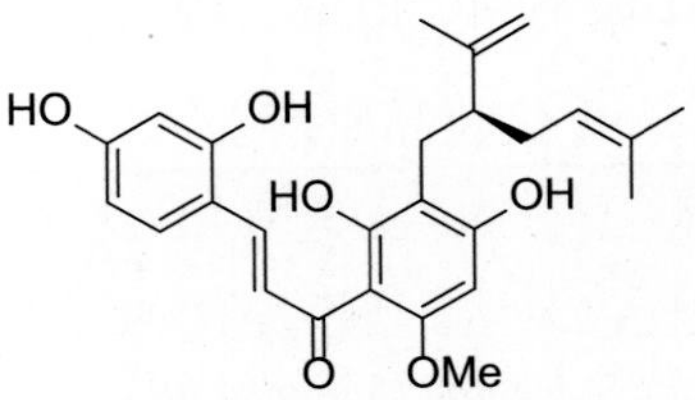　**Kuraridine**

【美白活性研究】

苦参提取物被证实具有抗氧化活性[1]，并且对酪氨酸酶和黑色素的合成显示出显著的双重抑制作用，如次苦参素、苦参黄素、去甲苦参醇针对酪氨酸酶的半数抑制浓度 IC_{50} 值分别为 1.1 μmol/L、1.3 μmol/L、2.1 μmol/L，优于酪氨酸酶抑制剂曲酸（IC_{50} = 11.3 μmol/L）[2]。

从苦参根中分离出的苦参醇（Kurarinol）对蘑菇酪氨酸酶的 IC_{50} 值为 0.1 μmol/L[3]；从苦参中分离出的 Kurarinol、（苦参啶醇）Kuraridinol 和（红车轴草根甙）Trifolirhizin 对酪氨酸酶的半数抑制浓度 IC_{50} 值分别为（8.60 ± 0.51）μmol/L、（0.88 ± 0.06）μmol/L 和（506.77 ± 4.94）μmol/L，阳性对照曲酸的 IC_{50} 值为（16.22 ± 1.71）μmol/L[4]；从苦参根中分离出的（苦参新醇 A）Kushenol A 是一种非竞争性酪氨酸酶抑制剂，IC_{50} 值为 1.1 μmol/L [5]。因此，苦参有进一步开发作为有效、安全的抗褐变和皮肤美白剂的潜力。

【参考文献】

[1]Wan ZM, Shen LL. Extraction and antioxidant activity of flavonoids from *Sophora flavescens*[J]. Food Science, 2009, 30(24): 137–140.

[2]Son JK, Park JS, Kim JA, et al. Prenylated flavonoids from the roots of *Sophora flavescens* with tyrosinase inhibitory activity[J]. Planta Medica, 2003, 69(6): 559–561.

[3]Ryu YB, Westwood IM, Kang NS, et al. Kurarinol, tyrosinase inhibitor isolated from the root of *Sophora flavescens*[J]. Phytomedicine, 2008, 15(8): 612–618.

[4] Hyun SK, Lee WH, Jeong DM, et al. Inhibitory effects of Kurarinol, Kuraridinol, and Trifolirhizin from *Sophora flavescens* on tyrosinase and melanin synthesis[J]. Biological & Pharmaceutical Bulletin, 2008, 31(1): 154–158.

[5] Kim JH, Cho IS, So YK, et al. Kushenol A and 8–prenylkaempferol, tyrosinase inhibitors, derived from *Sophora flavescens*[J]. Journal of Enzyme Inhibition and Medicinal Chemistry, 2018, 33(1): 1048–1054.

16. 鸡眼草 *Kummerowia striata* (Thunb.) Schindl.

【科属】豆科 Fabaceae/ 鸡眼草属 *Kummerowia*

【别名】公母草、牛黄黄、掐不齐、三叶人字草、鸡眼豆

【主要特征】一年生草本。茎平卧，高 5~30 cm，茎和分枝有白色向下的毛。叶互生，3 小叶；托叶长卵形，宿存；小叶倒卵形、倒卵矩圆形或矩圆形，长 5~15 mm，宽 3~8 mm，主脉和叶缘疏生白色毛。花 1~3 朵腋生；小苞片 4 个，一个生于花梗的关节之下，另三个生于萼下；萼钟状，深紫色，长约 2.5~3 mm；花冠淡红色。荚果卵状矩圆形，通常较萼长，外面有细短毛。

【花果期】花期 7—9 月，果期 8—10 月。

【生境】常生长于海拔 500m 以下的山坡、路旁、田边、林边和林下。

【地理分布】分布于彝良、大关、盐津、蒙自、砚山、西畴、屏边、昆明、临沧等地。安徽、福建、广东、广西、贵州、河北、黑龙江、河南、湖北、湖南、江苏、江西、吉林、辽宁、内蒙古、山东、山西、四川、台湾、浙江等省（自治区）也有分布。国外主要分布于印度、日本、韩国、俄罗斯和越南等国。

【主要价值】全草供药用；可作饲料和绿肥。

【药典用途】

具有清热解毒、活血、利湿止泻的功效。用于治疗胃肠炎、痢疾、肝炎、夜盲症、泌尿系感染，疔疮疖肿等症；外治跌打损伤。

【民间用途】

鸡眼草除了可以作为牧草、绿肥之外，还可以入药。鸡眼草性苦、寒，可用于治疗多种疾病，有利尿通淋、解热止痢之效；全草煎水，可治风疹、感冒发烧、暑湿吐泻、疟疾、痢疾、传染性肝炎、热淋、白浊等症。

【化妆品原料】

中文名	淋洗类产品最高历史使用量（%）	驻留类产品最高历史使用量（%）
鸡眼草（*Kummerowia striata*）提取物	—	—

【化学成分研究】

主要结构类型：黄酮、甾醇。

代表性成分及结构式[1]：

槲皮素（Quercetin）、木犀草素（Luteolin）、芦丁（Rutin）、芹菜素（Apigenin）、山柰酚（Kaempferol）、对羟基肉桂酸（*p*–Coumaric acid）、染料木素（Genistein）、异荭草素（Homoorientin）、*β*– 谷甾醇（*β*–Sitosterol）。

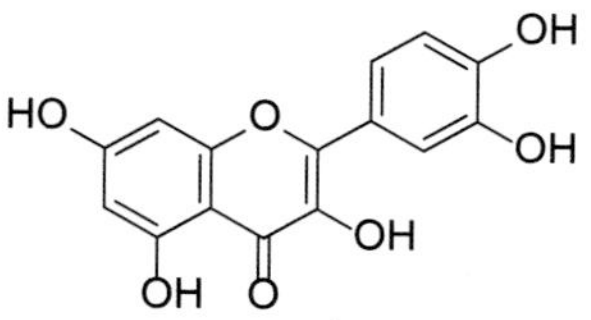

Quercetin 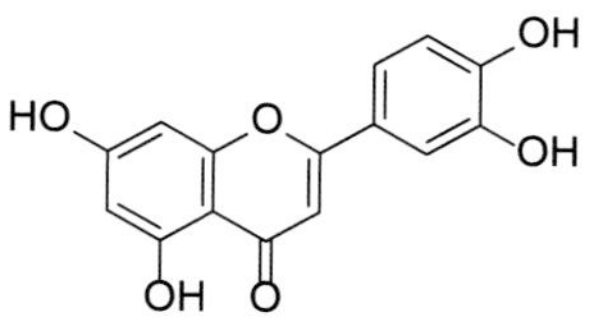　　**Luteolin** 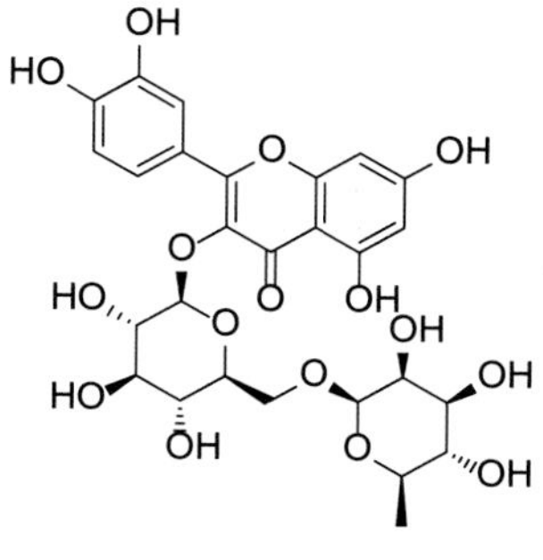　　**Rutin**

Apigenin　Kaempferol　Genistein

Homoorientin　*p*-Coumaric acid　*β*-Sitosterol

【美白活性研究】

研究表明，鸡眼草乙醇提取物对酪氨酸酶有抑制作用，能降低黑色素瘤细胞中黑色素的含量，并呈剂量依赖性。研究其机制发现，鸡眼草乙醇提取物可能通过下调与黑色素生成相关的基因和蛋白如酪氨酸酶、TRP-1、TRP-2 和 MITF 转录因子的表达水平来抑制黑色素的生成[2]；鸡眼草乙醇提取物具有较高的抗氧化活性，其 IC_{50} 值为 98.71 μg/mL，ABTS 自由基的清除能力与阳性对照 BHA 相当，清除率最高为 99.53%，IC_{50} 值为 24.64 μg/mL[2-3]。

【参考文献】

[1] 李胜华 . 鸡眼草中黄酮类化学成分研究 [J]. 中国药学杂志 , 2014, 49(10): 817–820.

[2] Lee JY, Cho YR, Park JH, et al. Anti–melanogenic and anti–oxidant activities of ethanol extract of *Kummerowia striata: Kummerowia striata* regulate anti–melanogenic activity through down–regulation of TRP–1, TRP–2 and MITF expression[J]. Toxicology Reports, 2019, 6: 10–17.

[3] 王春景 , 胡小梅 , 刘高峰 , 等 . 鸡眼草总黄酮的提取工艺条件及其体外抗氧化性 [J]. 中国老年学杂志 , 2012, 32(21): 4697–4699.

17. 金樱子 *Rosa laevigata* Michx.

【科属】蔷薇科 Rosaceae/ 蔷薇属 *Rosa*

【别名】油饼果子、唐樱苈、和尚头、山鸡头子、山石榴、刺梨子

【主要特征】常绿攀缘灌木。小枝散生扁弯皮刺，幼时被腺毛，老时逐渐脱落减少。小叶革质，通常 3 片，连叶柄长 5~10 cm；小叶片椭圆状卵形、倒卵形或披针状卵形，长 2~6 cm，宽 1.2~3.5 cm，先端急尖或圆钝，边缘有锐锯齿，上面无毛，下面幼时沿中肋有腺毛，老时逐渐脱落无毛；小叶柄和叶轴有皮刺和腺毛；托叶离生或基部与叶柄合生，披针形，边缘有细齿，齿尖有腺体，早落。花单生于叶腋，直径 5~7 cm；花梗长 1.8~3 cm，花梗和萼筒密被腺毛，随果实成长变为针刺；萼片卵状披针形，先端呈叶状，边缘羽状浅裂或全缘，常有刺毛和腺毛，内面密被柔毛；花瓣白色，宽倒卵形，先端微凹；雄蕊多数；

心皮多数，花柱离生，有毛，比雄蕊短很多。果常为梨形和倒卵形，紫褐色，外面密被刺毛，果梗长约 3 cm，萼片宿存。

【花果期】花期 4—6 月，果期 7—11 月。

【生境】喜生长于海拔 200~1600 m 间向阳的山野、田边、溪畔灌木丛中。

【地理分布】广泛栽培于昆明、巧家、丽江、富宁等地。安徽、福建、广东、广西、贵州、海南、湖北、湖南、江苏、江西、陕西、四川、台湾和浙江等省（自治区）也有栽培。国外的越南广泛栽培。

【主要价值】根皮含鞣质可制栲胶；果实可熬糖及酿酒。根、叶、果可药用。

【药典用途】

具有固精缩尿、固崩止带、涩肠止泻的功效。用于治疗遗精滑精、遗尿尿频、崩漏带下、久泻久痢等症。

【民间用途】

金樱子成熟果可供食用，亦可用来泡酒、制作果酱和蜜饯。此外，还可用于做庭院篱笆，用以美化环境。金樱子也被用于美好祝愿的象征，或作为一种独特的装饰品。

【化妆品原料】

中文名	淋洗类产品最高历史使用量（%）	驻留类产品最高历史使用量（%）
金樱子（*Rosa laevigata*）果提取物	—	0.01
金樱子（*Rosa laevigata*）提取物	—	—

【化学成分研究】

主要结构类型：黄酮、甾体、三萜、苯丙素、鞣质。

代表性成分及结构式：

槲皮素（Quercetin）、山柰酚（Kaempferol）、木犀草素（Luteolin）、β- 谷甾醇（β-Sitosterol）、熊果酸（Ursolic acid）、蔷薇酸（Euscaphic acid）、金樱子素 A（Rosalaevin A）、没食子酸乙酯（Ethyl gallate）、鞣花酸（Ellagic acid）。

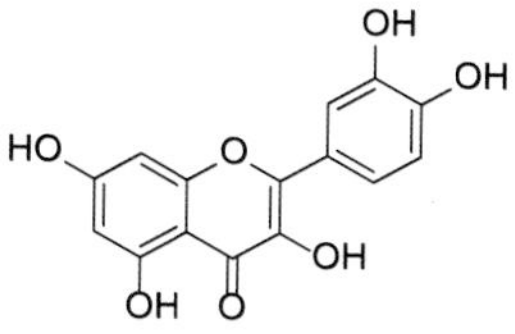

Quercetin 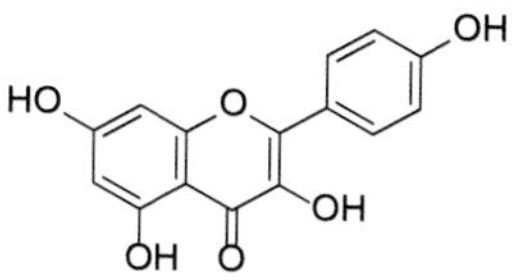　Kaempferol 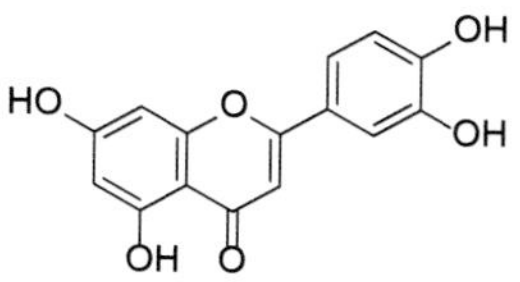　Luteolin

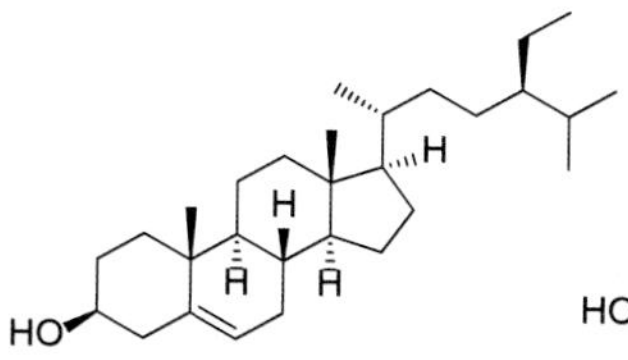

β-Sitosterol 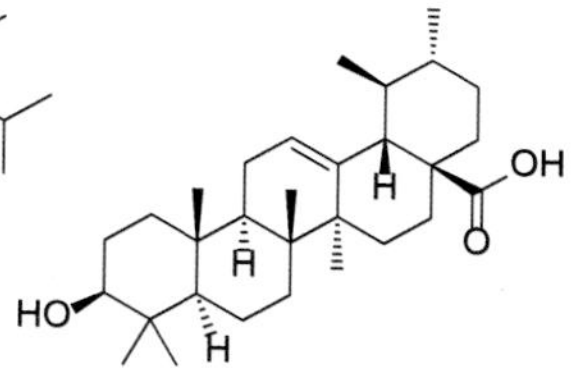　Ursolic acid 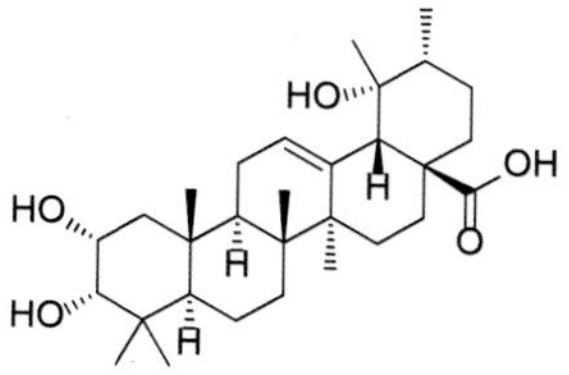　Euscaphic acid

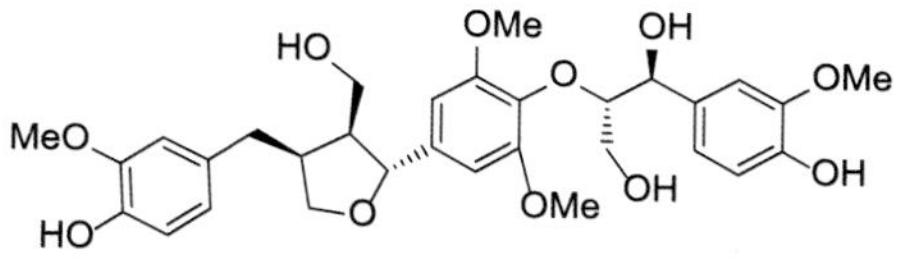

Rosalaevin A 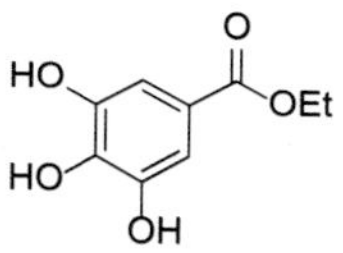　Ethyl gallate 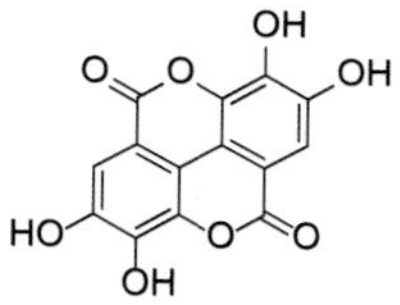　Ellagic acid

【美白活性研究】

金樱子籽油所含的不饱和脂肪酸具有很强的抗氧化、防衰老及美白保湿的作用[1-2]。金樱子籽浸膏和金樱子果肉浸膏可有效抑制酪氨酸酶的活性及黑色素的合成。金樱子碱提物对酪氨酸酶活性抑制率最高，其在 25 mg/mL、12.5 mg/mL、6.25 mg/mL 时对酪氨酸酶抑制率分别为（68.55 ± 2.16）%、（43.06 ± 11.46）%、（26.54 ± 9.59）%[3]。

【参考文献】

[1] Li X, Cao W, Shen Y, et al. Antioxidant compounds from *Rosa laevigata* fruits[J]. Food Chemistry, 2012, 130(3): 575–580.

[2] 王海涛 , 王斌 , 鲁晓晴 . 一种具有美白作用的中药组合物及其制备方法和应用：中国，CN103405364B[P]. 2015–01–14.

[3] 张理平 , 梁娟 , 陈彬 , 等 . 22 味酸味药性中药提取物影响黑素合成的实验研究 [J]. 中国中西医结合杂志 , 2015, 35(5): 618–622.

18. 扁核木 *Prinsepia utilis* Royle

【科属】蔷薇科 Rosaceae/ 扁核木属 *Prinsepia*

【别名】青刺尖、枪刺果、打油果、鸡蛋果、阿那斯

【主要特征】灌木。老枝粗壮，灰绿色，小枝圆柱形，有棱条；枝刺长可达3.5 cm，刺上生叶，近无毛；冬芽小，卵圆形或长圆形，近无毛。叶片长圆形或卵状披针形，长 3.5~9 cm，宽 1.5~3 cm，先端急尖或渐尖，基部宽楔形或近圆形，上面中脉下陷，下面中脉和侧脉突起；叶柄长约 5 mm，无毛。花多数成总状花序，长 3~6 cm，生于叶腋或枝刺顶端；花梗长 4~8 mm，有褐色短柔毛，逐渐脱落；小苞片披针形，被褐色柔毛，脱落；花直径约 1 cm；萼筒杯状，外面被褐色短柔毛，萼片半圆形或宽卵形，边缘有齿，比萼筒稍长；花瓣白色，

宽倒卵形，先端啮蚀状，基部有短爪；雄蕊多数，以 2~3 轮着生在花盘上，花盘圆盘状，紫红色；心皮 1 枚，无毛，花柱短，侧生。核果长圆形或倒卵长圆形，长 1~1.5 cm，宽约 8 mm，紫褐色或黑紫色，被白粉；果梗长 8~10 mm，无毛；萼片宿存；核平滑，紫红色。

【花果期】花期 4—5 月，果熟期 8—9 月。

【生境】生长于海拔 1000~2600 m 间的山坡、荒地、山谷或路旁等处。

【地理分布】分布于丽江、盈江、大理、洱源、嵩明、富民、昆明、峨山、武定、蒙自、文山、丘北、师宗、广南、西畴、昭通、巧家、镇雄等地。贵州、四川和西藏等省（自治区）也有分布。国外主要分布于不丹、印度、尼泊尔和巴基斯坦等国。

【主要价值】茎、叶、果、根可入药；种子富含油脂，可榨油；嫩尖可当蔬菜食用。

【药典用途】

《玉龙本草》："青刺嫩茎、叶，治小儿高热惊风、肺热咳嗽、肺炎、淋巴结核、咽喉肿痛、风火牙痛、刀伤、骨折、祛翳明目、疮毒等；青刺果油可治久咳不止。"

【民间用途】

用于治疗各种痔疮、便秘、肛周疾病、风火牙痛、蛇咬伤、骨折、枪伤等。嫩尖可以凉拌或制成咸菜食用，青刺果油有助于治疗高血脂、降低胆固醇、预防心血管疾病等；纳西族人也将青刺果油作为护肤油脂涂抹新生儿全身，滋润婴儿皮肤。

【化妆品原料】

中文名	淋洗类产品最高历史使用量（%）	驻留类产品最高历史使用量（%）
扁核木（*Prinsepia utilis*）油	2	2

【化学成分研究】

主要结构类型：木脂素、甾体及其苷、三萜、半萜、单萜。

代表性成分及结构式[1-2]：

青刺尖酯醇（Prinsepiol）、*β*–谷甾醇（*β*–Sitosterol）、齐墩果酸（Oleanolic acid）、乌苏酸（Ursolic acid）、双戊烯（Limonene）、1–8–Cineole、*o*–Cymene、2（*3H*）–Furanone。

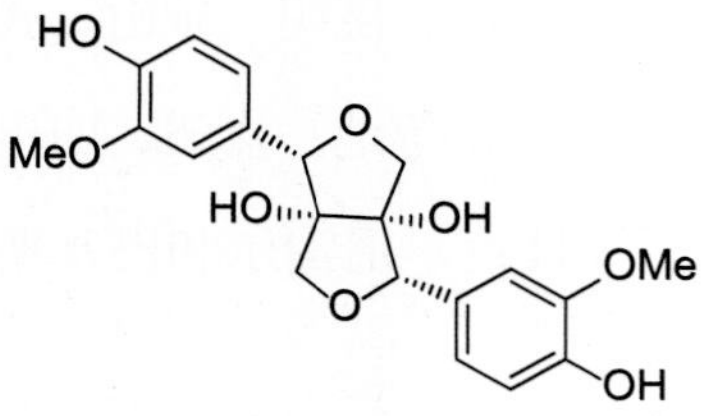

Prinsepiol 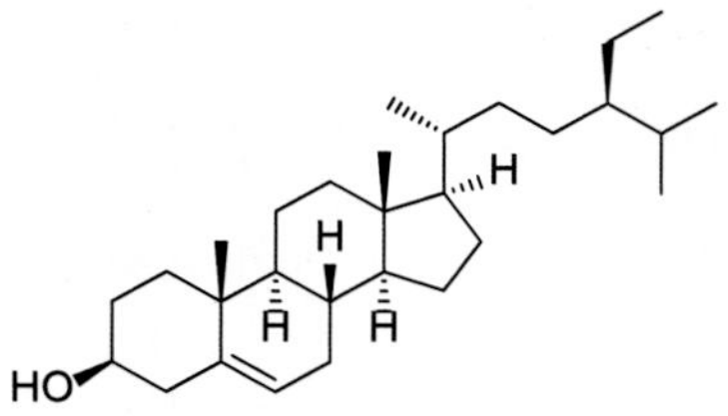　**β-Sitosterol** 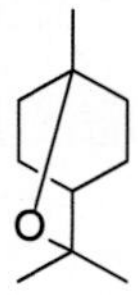　**1-8-Cineole**

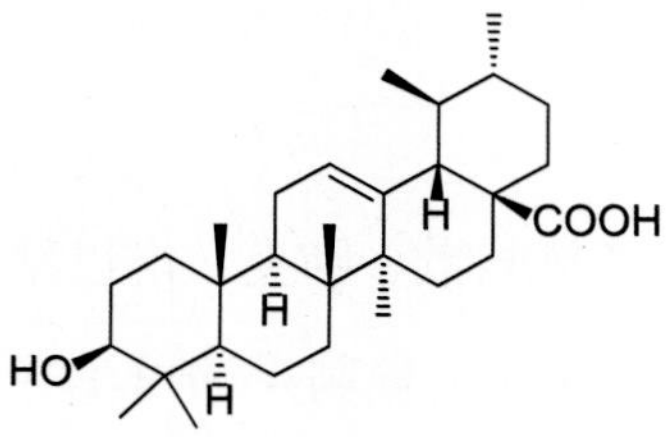

Ursolic acid 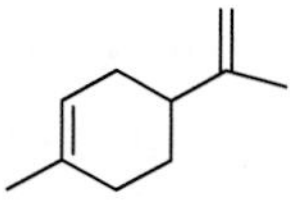　**Limonene** 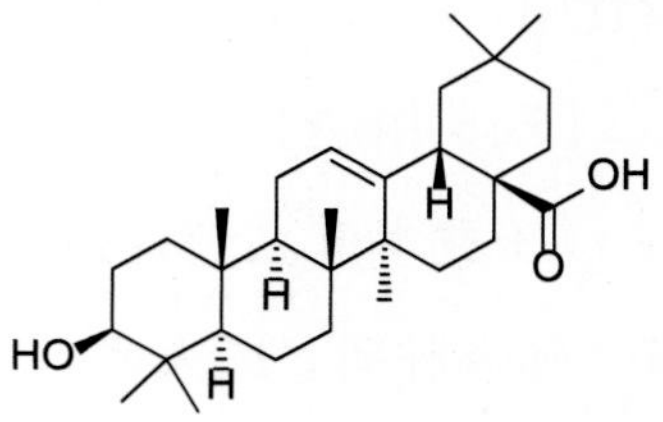　**Oleanolic acid**

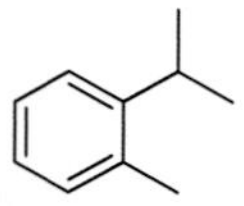

o-Cymene 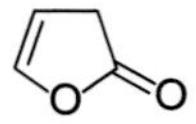　**2(3H)-Furanone**

【美白活性研究】

青刺尖具有 DPPH 自由基清除活性，花、叶和茎的乙醇提取物的 IC_{50} 值分别为（46.07 ± 2.42）μg/mL、（82.08 ± 0.97）μg/mL 和（71.46 ± 2.85）μg/mL[3]。扁核木花、叶、茎提取物抑制酪氨酸酶的半数有效浓度 IC_{50} 值分别为（4.11 ± 0.11）mg/mL，（4.33 ± 0.04）mg/mL 和（4.58 ± 0.11）mg/mL，阳性对照曲酸的 IC_{50} 值为（0.39 ± 0.02）μg/mL[3]；从青刺提取物中分离出的青刺尖酯醇（prinsepiol）在 0.2 mg/mL 浓

度下对黑色素生成的抑制率为 88.7%，阳性对照熊果苷在同等浓度下抑制率为 50.5%[4]。青刺果提取物对透明质酸酶和酪氨酸酶活性的 IC_{50} 值分别为（0.90 ± 0.03）mg/mL 和（1.81 ± 0.02）mg/mL，且该提取物浓度为 1000 μg/mL 时，还具有良好的防晒作用，防晒系数为 11.00 ± 0.03[5]。

【参考文献】

[1] Kilidhar SB, Parthasarathy MR, Sharma P. Prinsepiol, a lignan from stems of *Prinsepia utilis*[J]. Phytochemistry, 1982, 21(3): 796–797.

[2] Rai VK, Gupta SC, Singh B. Volatile monoterpenes from *Prinsepia utilis* L. leaves inhibit stomatal opening in *Vicia faba* L[J]. Biologia Plantarum, 2003, 46(1): 121–124.

[3] Zheng Y, Zhao L, Yi JJ. Phytochemical characterization and antioxidant and enzyme inhibitory activities of different parts of *Prinsepia utilis* Royle[J]. Journal of Food Quality, 2022, 9739851.

[4] 俞文洁 , 张良诚 . 青刺尖提取物在美白用品中的应用及美白用品 : 中国 , CN104523479B[P]. 2018–01–23.

[5] Kewlani P, Singh L, Singh B, et al. Sustainable extraction of phenolics and antioxidant activities from *Prinsepia utilis* byproducts for alleviating aging and oxidative stress[J]. Sustainable Chemistry and Pharmacy, 2022, 29: 100791.

19. 草莓 *Fragaria*×*ananassa* (Weston) Duchesne ex Rozier

【科属】蔷薇科 Rosaceae/ 草莓属 *Fragaria*

【别名】凤梨草莓

【主要特征】多年生草本，全体有柔毛，匍匐枝于花后生长。基生三出复叶，小叶卵形或菱形，长 3~7 cm，宽 2~6 cm，先端圆钝，基部楔形，边缘有粗锯齿，上面散生长柔毛，有光泽，下面带白色，有长柔毛，沿叶脉较密；叶柄长 2~10 cm。聚伞花序，有花 5~15 朵，生在一总花梗上；花直径约 2 cm；萼裂片披针形，先端锐尖；副萼片椭圆形，约和萼裂片等长；花瓣椭圆形，白色。聚合果肉质，膨大，球形或卵球形，直径 1.5~3 cm，鲜红色。

【花果期】花期 4—5 月，果期 6—7 月。

【生境】栽培。

【地理分布】云南各地栽培。其他省、区、市广泛栽培。

【主要价值】果实可食。

【药典用途】

《台湾药用植物志》："清凉止渴，滋养。"

【民间用途】

草莓可以预防坏血病，还对防治动脉硬化、冠心病有较好的作用。

【化妆品原料】

中文名	淋洗类产品最高历史使用量（%）	驻留类产品最高历史使用量（%）
草莓（*Fragaria ananassa*）果汁	1	0.0007
草莓（*Fragaria ananassa*）果提取物	0.086	0.004
草莓（*Fragaria ananassa*）提取物	—	—
草莓（*Fragaria chiloensis*）[1]果提取物	—	18
草莓（*Fragaria chiloensis*）果汁	0.498	0.498

【化学成分研究】

主要结构类型：花青素、黄酮、单宁、三萜。

代表性成分及结构式[1]：

天竺葵素-3-葡萄糖苷（Pelargonidin 3-glucoside）、山柰酚（Kaempferol）、槲皮素（Quercetin）、儿茶素（Catechin）、槲皮苷（Quercitrin）、原花青素 B1（Procyanidin B1）、齐墩果酸（Oleanolic acid）、Sericic acid、野蔷薇苷（Rosamultin）。

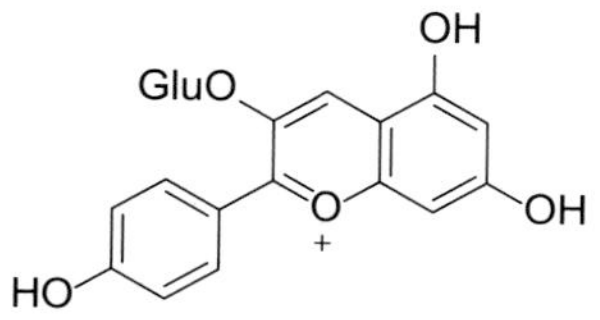

Pelargonidin 3-glucoside 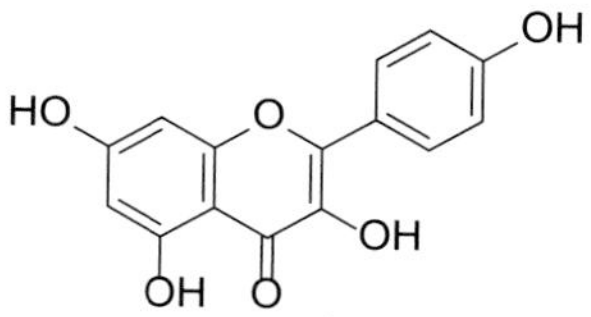　　**Kaempferol** 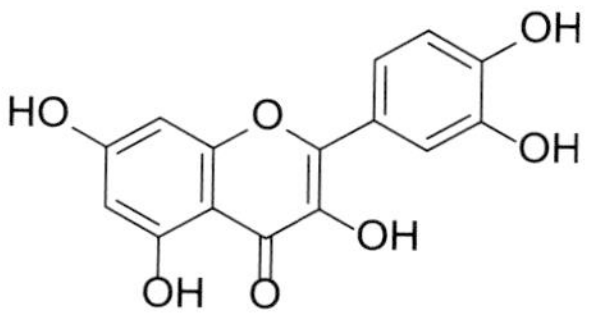　　**Quercetin**

1 *Fragaria chiloensis* 是草莓 (*Fragaria ananassa*) 的拉丁异名。

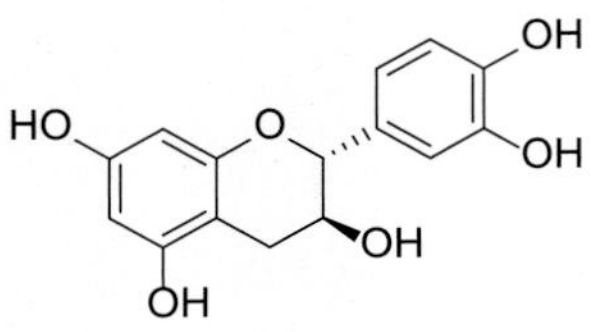

Catechin 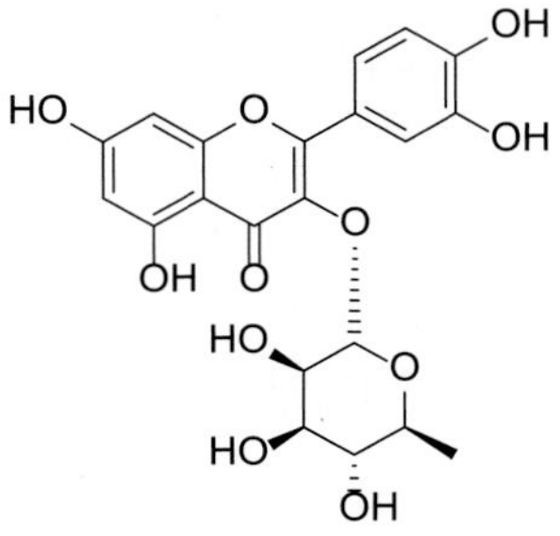　　Quercitrin 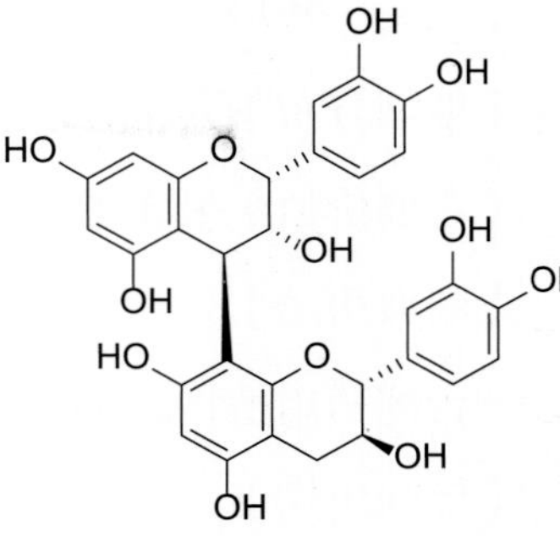　　Procyanidin B1

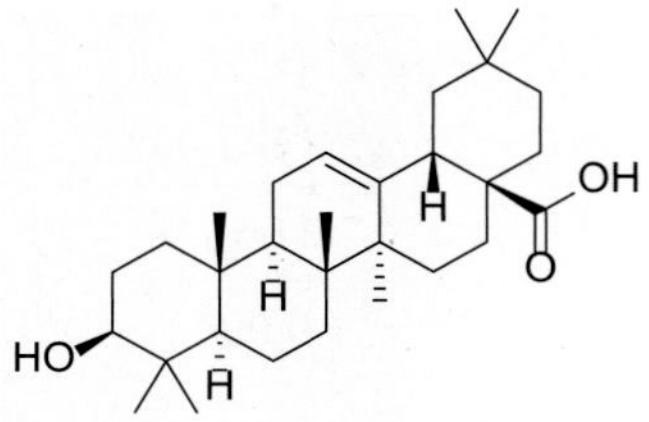

Oleanolic acid 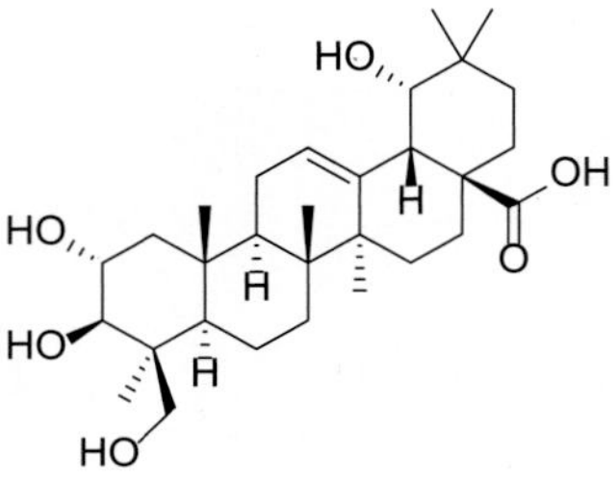　　Sericic acid 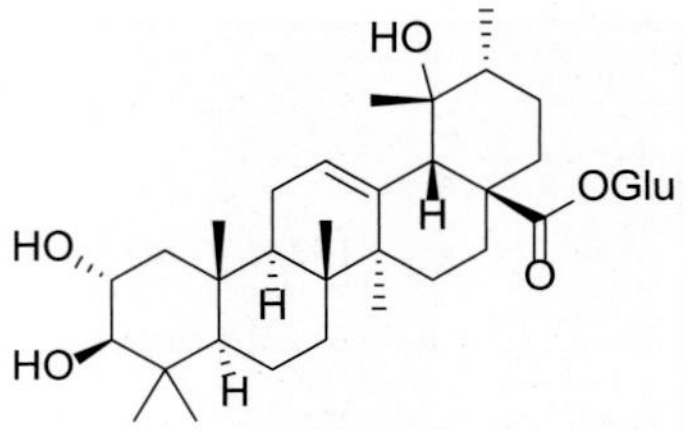　　Rosamultin

【美白活性研究】

凤梨草莓果实中酚类针对 DPPH 自由基、超氧阴离子自由基（O^{2-}）、羟基自由基（·OH）具有较强的清除能力，当浓度为 70 μg/mL 时清除率为 40% 左右[2]；黄酮葡萄糖醛酸苷具有清除 DPPH 自由基活性，IC_{50} 值为 32.12 μmol/L[3]。

草莓花萼提取物中含有的化合物齐墩果酸在 12.5 μmol/L 浓度下对经 *α*–MSH 诱导的 B16F10 细胞内酪氨酸酶活性、黑素生成具有抑制作用，用 RT–PCR 方法检测细胞中酪氨酸酶、TRP–1、TRP–2 和 MITF 蛋白水平，发现测试基因的表达均下调[4]。用从草莓花萼提取物中分离出的 Ursolic acid、Pomolic acid、2–oxo–pomolic acid、3–*O*–acetyl pomolic acid、Fupenzic acid 和 Euscaphic acid 6 个化合物处理经 *α*–MSH 诱导的 B16F10 黑素细胞，发现经 12.5 μmol/L 各化合物处理后，细胞内黑素含量分别为（85.5 ± 6.43）%、（51.8 ± 0.98）%、（65 ± 4.81）%、（60.3 ± 5.11）%，（54.5 ± 1.49）% 和（54.5 ± 1.23）%。经 *α*–MSH 诱导的 B16F10 细胞内黑素含量为（100 ± 3.67）%，数据表明各化合物均对黑素合成有一定抑制作用[5]。

【参考文献】

[1] 杨海艳，王洪玲，钟国跃，等 . 草莓属植物资源分布、化学成分、药理活性研究进展 [J]. 中成药，2022, 44(2): 510–518.

[2] 王志巧 . 草莓酚类成分的抗肿瘤及抗氧化作用研究 [D]. 长春：吉林大学，2015.

[3] Yang D, Xie HH, Jiang YM, et al. Phenolics from strawberry cv. Falandi and their antioxidant and α–glucosidase inhibitory activities[J]. Food Chemistry, 2016, 194: 857–863.

[4] Han SK, Kim YG, Kang HC, et al. Oleanolic acid from *Fragaria ananassa* calyx leads to inhibition of α–MSH–induced melanogenesis in B16–F10 melanoma cells[J]. Journal of the Korean Society for Applied Biological Chemistry, 2014, 57(6): 735–742.

[5] Song NY, Cho JG, Im D, et al. Triterpenoids from *Fragaria ananassa* calyx and their inhibitory effects on melanogenesis in B16–F10 mouse melanoma cells[J]. Natural Product Research, 2013, 27(23): 2219–2223.

20. 桃 *Prunus persica* (L.) Batsch

【科属】蔷薇科 Rosaceae/ 李属 *Prunus*

【别名】桃子、粘核油桃、粘核桃、离核油桃、离核桃、陶古日、油桃、盘桃、日本丽桃、粘核光桃、粘核毛桃、离核光桃

【主要特征】乔木。树皮暗红褐色，老时粗糙呈鳞片状；小枝具大量小皮孔；冬芽外被短柔毛，常 2~3 个簇生，中间为叶芽，两侧为花芽。叶片长圆披针形、椭圆披针形或倒卵状披针形，长 7~15 cm，宽 2~3.5 cm，先端渐尖，基部宽楔形，上面无毛，下面在脉腋间具少数短柔毛或无毛，叶边具锯齿，齿端具腺体或无腺体；叶柄粗壮，长 1~2 cm，常具 1 至数枚腺体，有时无腺体。花单生，先于叶开放，直径 2.5~3.5 cm ；花梗极短或几无梗；萼筒钟形，被短柔

毛，绿色而具红色斑点；萼片卵形至长圆形，顶端圆钝，外被短柔毛；花瓣长圆状椭圆形至宽倒卵形，常为粉红色；雄蕊约 20~30 枚，花药绯红色；花柱与雄蕊等长或稍短；子房被短柔毛。果实形状和大小均有变异，卵形、宽椭圆形或扁圆形，直径 3~12 cm，外面密被短柔毛，腹缝明显，果梗短而深入果洼；核大，椭圆形或近圆形，表面具纵、横沟纹和孔穴。

【花果期】花期 3—4 月，果实成熟期因品种而异，通常为 8—9 月。

【生境】广泛栽培。

【地理分布】分布于云南省各地。其他省、区、市广泛栽培。

【主要价值】可作观赏树种；果实可食；树干上分泌的胶质可食用、药用和作黏结剂等。

【药典用途】

桃枝：具有活血通络、解毒杀虫的功效；用于治疗心腹刺痛、风湿痹痛、跌打损伤、疮癣等症。桃仁：具有活血祛瘀、润肠通便、止咳平喘的功效；用于治疗经闭痛经、症瘕痞块、肺痈肠痈、跌扑损伤、肠燥便秘、咳嗽气喘等症。

【民间用途】

桃能生津、润肠、活血。桃仁入心、肝、肺、大肠，有破血去瘀、润燥滑肠的功效，能活血行血、清散瘀血、去痰润瘀肠，对于呼吸器官有镇静作用，可止咳、平喘。

【化妆品原料】

中文名	淋洗类产品最高历史使用量（%）	驻留类产品最高历史使用量（%）
桃（*Prunus persica*）果	—	—
桃（*Prunus persica*）果提取物	—	7.5
桃（*Prunus persica*）核仁	—	—
桃（*Prunus persica*）核仁提取物	—	4
桃（*Prunus persica*）核仁油	—	51
桃（*Prunus persica*）花蕾提取物	0.017 5	0.002 75

待续

续表

中文名	淋洗类产品最高历史使用量（%）	驻留类产品最高历史使用量（%）
桃（*Prunus persica*）花末	—	0.01
桃（*Prunus persica*）花水	16.63	—
桃（*Prunus persica*）花提取物	—	6
桃（*Prunus persica*）树脂提取物	—	—
桃（*Prunus persica*）提取物	—	—
桃（*Prunus persica*）叶提取物	—	0.713 04
桃（*Prunus persica*）汁	1.29	0.1
桃（*Prunus persica*）籽粉	4	—
桃（*Prunus persica*）籽提取物	—	—

【化学成分研究】

主要结构类型：酚、黄酮、黄烷醇、多糖、甾醇。

代表性成分及结构式[1]：

绿原酸（Chlorogenic acid）、阿魏酸（Ferulic acid）、槲皮素（Quercetin）、芦丁（Rutin）、表儿茶素（Epicatechin）、杨梅素（Myricetin）、原花青素 B1（Procyanidin B1）、半乳糖（Galactose）、*β*- 谷甾醇（*β*-Sitosterol）。

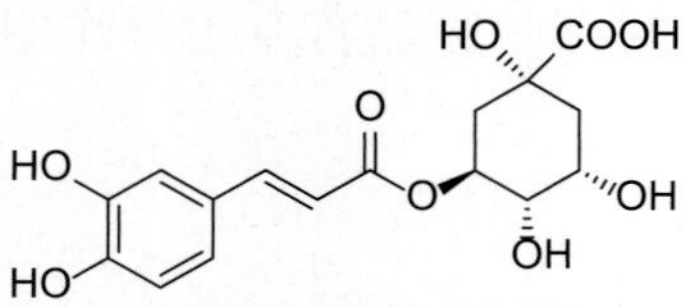

HO COOH O HO O OH OH HO

Chlorogenic acid

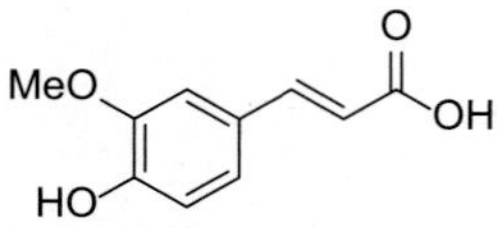

MeO O OH HO

Ferulic acid

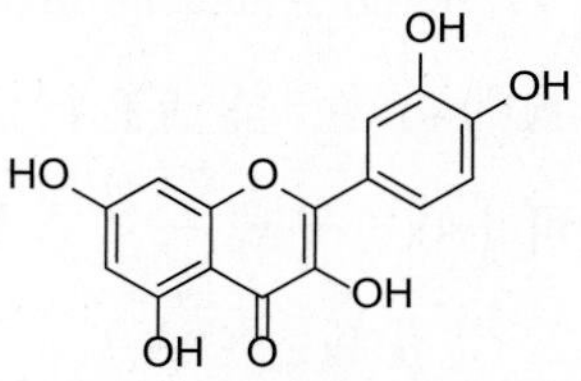

OH OH HO O OH OH O

Quercetin

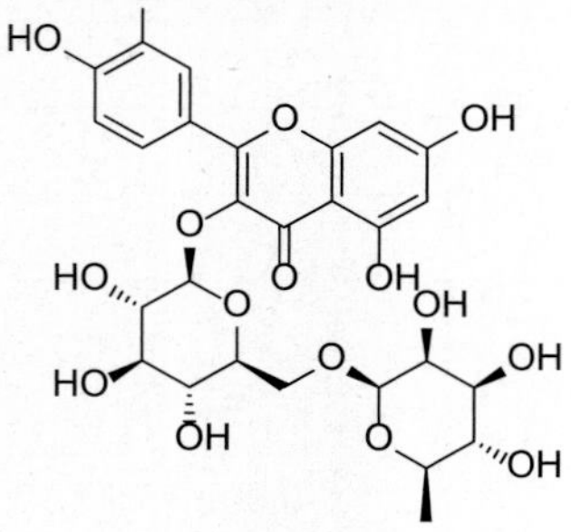

OH HO O OH O O OH HO O OH HO O OH OH O OH

Rutin

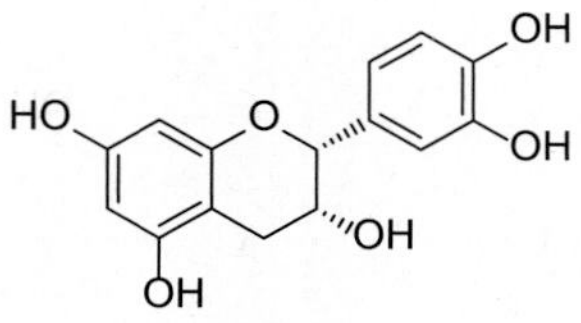

OH HO O OH OH OH

Epicatechin

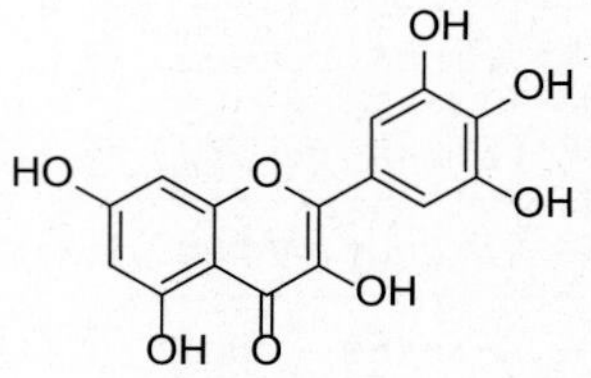

OH OH HO O OH OH OH O

Myricetin

Procyanidin B1　**Galactose**　***β*-Sitosterol**

【美白活性研究】

桃花提取物对酪氨酸酶单酚酶和二酚酶活性的最高抑制率分别为 79.71% 和 87.53%，IC_{50} 值分别为 0.057 mg/mL 和 0.030 mg/mL[2]。桃果实中主要的酚类物质包括儿茶素、原花青素、绿原酸、新绿原酸、芦丁、原儿茶酸等，有较高的 ABTS+、DPPH・、FRAP 及铜铁离子螯合活性和较高的抗氧化活性[3]。桃枝 50% 乙醇提取物具有一定的酪氨酸酶抑制作用，浓度为 500 μg/mL 时抑制率为 38%[4]。桃提取物浓度为 200 μg/mL 和 500 μg/mL 时，酪氨酸酶抑制率分别为 46.0% 和 52.1%，对经 *α*-MSH 诱导的 B16 细胞内黑素生成进行测试，相对溶剂对照组的黑素含量 [（39.8 ± 2.6）μg/well）]，提取物浓度为 100 μg/mL 和 500 μg/mL 时，细胞内黑素含量分别为（24.2 ± 2.0）μg/well 和（11.7 ± 0.7）μg/well[5]，且对细胞活性无明显影响，这表明该提取物可作为潜在的美白剂。

【参考文献】

[1] 陆泰良 , 朱鹏翔 , 李怡杰 , 等 . 桃化学成分与生物活性研究进展 [J]. 南方园艺 , 2022, 33(6): 62–68.

[2] 刘杰超 , 张巧莲 , 焦中高 , 等 . 桃花提取物对酪氨酸酶的抑制作用及其动力学分析 [J]. 果树学报 , 2014, 31(5): 836–841.

[3] Liu H, Cao JK, Jiang WB. Evaluation and comparison of vitamin C, phenolic compounds, antioxidant properties and metal chelating activity of pulp and peel from selected peach cultivars[J]. LWT–Food Science and Technology, 2015, 63(2): 1042–

1048.

[4] Murata K, Suzuki S, Miyamoto A, et al. Tyrosinase inhibitory activity of extracts from *Prunus persica*[J]. Separations, 2022, 9(5): 107.

[5] Murata K, Takahashi K, Nakamura H, et al. Search for skin–whitening agent from Prunus plants and the molecular targets in melanogenesis pathway of active compounds[J]. Natural Product Communications, 2014, 9(2): 185–188.

21. 贴梗海棠 *Chaenomeles speciosa* (Sweet) Nakai

【科属】蔷薇科 Rosaceae/ 木瓜海棠属 *Chaenomeles*

【别名】铁脚梨、贴梗木瓜、楙（mào）、木瓜、皱皮木瓜

【主要特征】落叶灌木。枝条具刺，小枝具疏生浅褐色皮孔；冬芽三角卵形。叶片常卵形至椭圆形，长 3~9 cm，宽 1.5~5 cm，先端常急尖，基部楔形至宽楔形，边缘具尖锐锯齿；叶柄长约 1 cm；托叶常肾形或半圆形，长 5~10 mm，宽 12~20 mm，边缘有尖锐重锯齿。花先叶开放，3~5 朵簇生于两年生老枝上；花梗短粗；萼筒钟状，萼片直立，常呈半圆形，长 3~4 mm，宽 4~5 mm，长约萼筒之半，先端圆钝，全缘或有波状齿及黄褐色睫毛；花直径

3~5 cm，常红色；花瓣倒卵形或近圆形，基部有短爪；雄蕊 45~50 枚，长约花瓣之半；花柱 5 枚，基部合生，柱头头状，有不显明分裂，约与雄蕊等长。果实球形或卵球形，直径 4~6 cm，黄色或带黄绿色，味芳香。

【花果期】花期 3—5 月，果期 9—10 月。

【生境】常见栽培。

【地理分布】丽江、洱源、景东、凤庆和昆明等地有栽培。福建、甘肃、广东、贵州、湖北、江苏、陕西、四川、西藏等省（自治区）也有栽培。国外主要分布于缅甸。

【主要价值】可作观赏树种；果实可入药。

【药典用途】

具有舒筋活络、和胃化湿的功效。用于治疗湿痹拘挛、腰膝关节酸重疼痛、暑湿吐泻、转筋挛痛、脚气水肿等症。

【民间用途】

木瓜泡酒后常拿来外洗，可起到一定的通经络、舒筋骨的作用。

【化妆品原料】

中文名	淋洗类产品最高历史使用量（%）	驻留类产品最高历史使用量（%）
皱皮木瓜（*Chaenomeles speciosa*）提取物	—	—

【化学成分研究】

主要结构类型：萜、黄酮、有机酸。

代表性成分及结构式[1-2]：

齐墩果酸（Oleanolic acid）、熊果酸（Ursolic acid）、桦木酸（Betulinic acid）、槲皮素（Quercetin）、柚皮素（Naringenin）、儿茶素（Catechin）、绿原酸（Chlorogenic acid）、苹果酸（Malic acid）、咖啡酸（Caffeic acid）。

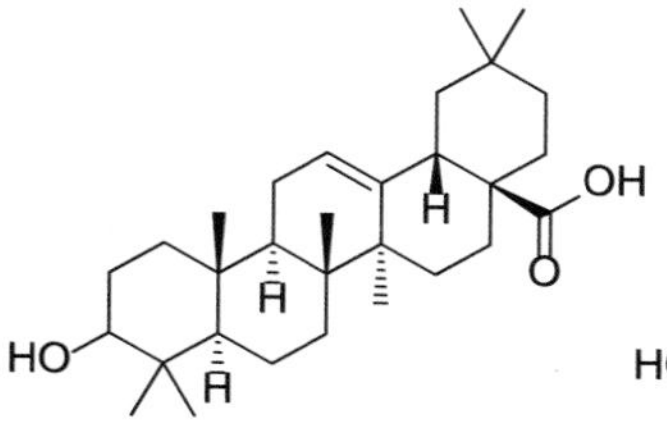

Oleanolic acid 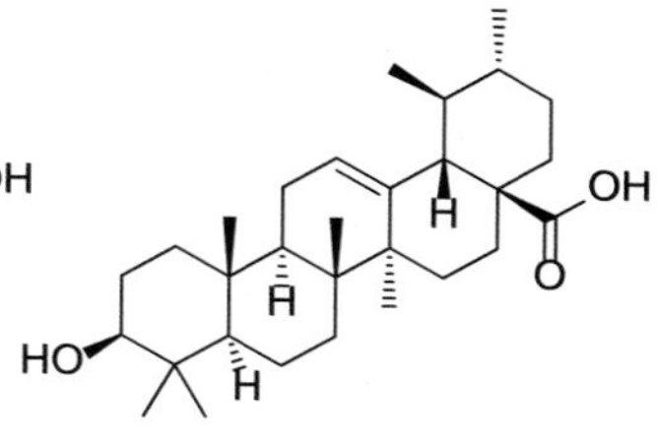　Ursolic acid 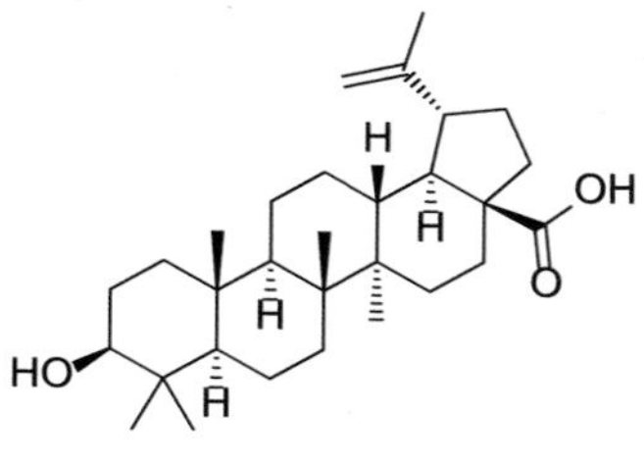　Betulinic acid

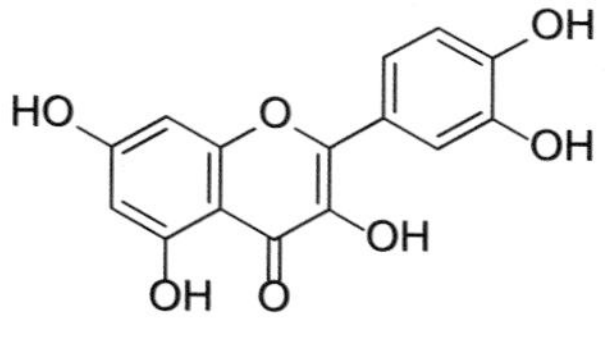

Quercetin 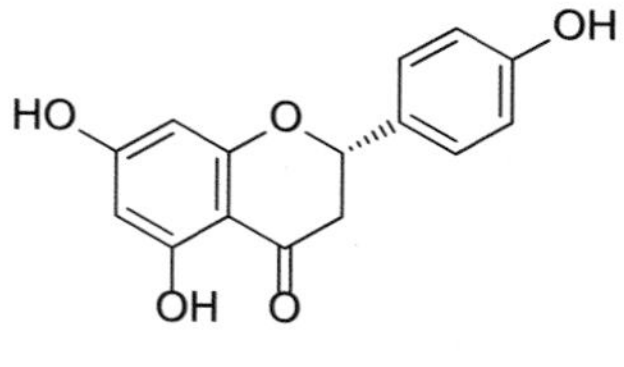　Naringenin 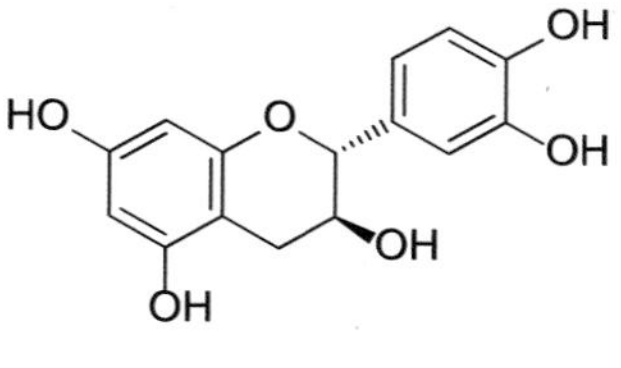　Catechin

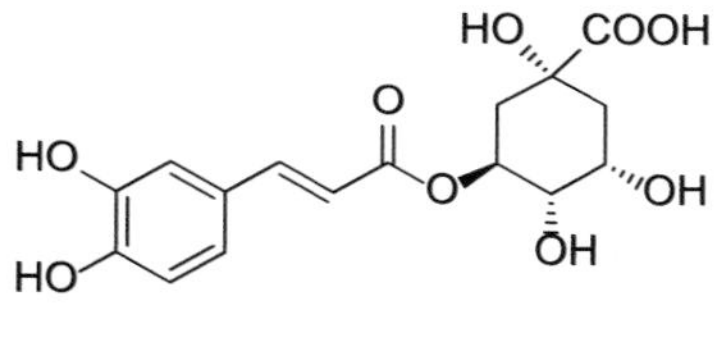

Chlorogenic acid 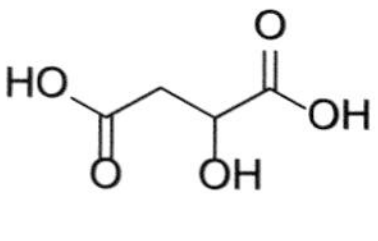　Malic acid 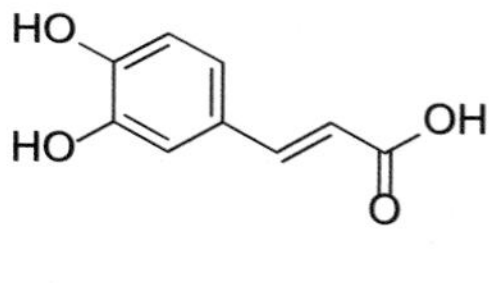　Caffeic acid

【美白活性研究】

通过 DPPH 自由基、ABTS 自由基清除实验、还原力测定实验和抑制酪氨酸酶实验，发现不同工艺下的皱皮木瓜都表现出较强的抗氧化和美白效果。在乙醇浓度为 30%、料液比为 1∶10、提取时间为 1h、提取温度为 50℃的条件下，皱皮木瓜提取物均表现出较优的美白效果。提取物对酪氨酸酶的抑制效果（IC_{50} 值为 0.196 mg/mL）与熊果苷（IC_{50} 值为 0.129 mg/mL）接近[3]。另有研究数据显示，皱皮木瓜提取物浓度为 333 μg/mL 时，对酪氨酸酶的抑制率为 62%[4]。

【参考文献】

[1] 代琪 , 佘颖祺 , 叶俏波 , 等 . 中药木瓜和木瓜籽的化学成分及药理作用研究进展 [J]. 亚太传统医药 , 2021, 17(8): 219–223.

[2] Tao WL, Zhao CY, Lin GX. et al. UPLC–ESI–QTOF–MS/MS Analysis of the phytochemical compositions from *Chaenomeles speciosa* (Sweet) Nakai fruits[J].

Journal of Chromatographic Science, 2023, 61(1): 15–31.

[3] 刘向慧 , 李真薇 , 王平礼 , 等 . 皱皮木瓜果实提取物的护肤活性及其最优工艺研究 [J]. 精细与专用化学品 , 2021, 29(8): 35–40.

[4] Huang WF, He JW, Nisar MF, et al. Phytochemical and pharmacological properties of *Chaenomeles speciosa*: an edible medicinal chinese mugua[J]. Evidence–based Complementary and Alternative Medicine, 2018 ：1–10.

22. 无花果 *Ficus carica* L.

【科属】桑科 Moraceae/ 榕属 *Ficus*

【别名】阿驵、红心果

【主要特征】落叶灌木。树皮灰褐色，皮孔明显。叶互生，广卵圆形，通常 3~5 裂，小裂片卵形，边缘具不规则钝齿，表面粗糙，背面密生细小钟乳体及灰色短柔毛，基部浅心形，基生侧脉 3~5 条，侧脉 5~7 对；托叶卵状披针形，长约 1 cm。雌雄异株，雄花和瘿花同生于一榕果内壁，雄花生内壁口部，花被片 4~5 片，雄蕊常 3 枚，瘿花花柱侧生，短；雌花花被与雄花相同，子房卵圆形，光滑，花柱侧生，柱头 2 裂，线形。榕果单生叶腋，梨形，成熟时呈紫红色或黄色；瘦果透镜状。

【花果期】花果期 5—7 月。

【生境】栽培。

【地理分布】昆明、新平、石屏、丽江等地有栽培。其他各省、区、市广泛栽培。

【主要价值】果实可食；新鲜幼果及鲜叶可药用。

【药典用途】

具有收敛固涩、益气生津、补肾宁心的功效。用于治疗久咳虚喘、梦遗滑精、遗尿尿频、久泻不止、自汗盗汗、津伤口渴、内热消渴、心悸失眠等症。

【民间用途】

可清热润肠、散瘀消肿、止泻、健胃清肠。用于治疗肠燥便秘，肺热咳嗽，筋骨疼痛，喉痒，乳汁不下，急性胃肠炎之呕吐、腹泻、带下，痔疮等症。

【化妆品原料】

中文名	淋洗类产品最高历史使用量（%）	驻留类产品最高历史使用量（%）
无花果（*Ficus carica*）果	—	—
无花果（*Ficus carica*）果/叶提取物	—	0.04
无花果（*Ficus carica*）果粉	—	—
无花果（*Ficus carica*）果水	—	34.65
无花果（*Ficus carica*）果提取物	—	3
无花果（*Ficus carica*）果汁	—	—
无花果（*Ficus carica*）花蕾提取物	—	0.18
无花果（*Ficus carica*）提取物	0.45	0.075
无花果（*Ficus carica*）籽	—	—

【化学成分研究】

主要结构类型：黄酮、香豆素、多酚、萜、皂苷、类胡萝卜素。

代表性成分及结构式：

芦丁（Rutin）、槲皮素（Quercetin）、补骨脂素（Psoralen）、佛手柑内酯（Bergapten）、绿原酸（Chlorogenic acid）、β- 谷甾醇（β-Sitosterol）、羽扇豆醇

（Lupeol）、胡萝卜苷（Daucosterol）、叶黄素（Lutein）。

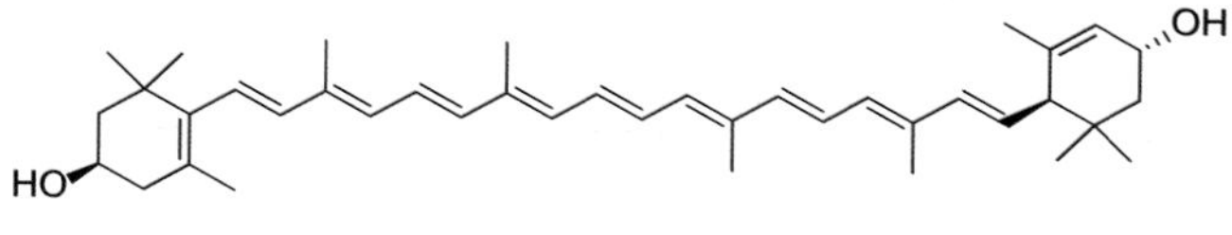

Lutein 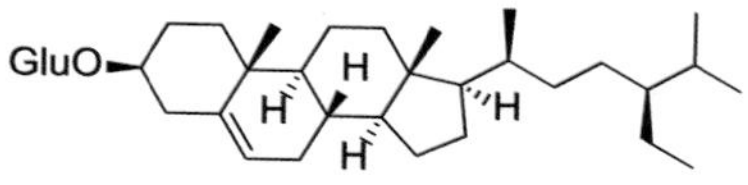 Daucosterol

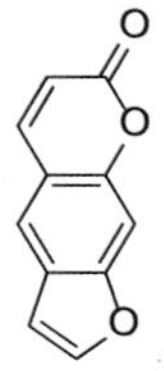

Psoralen 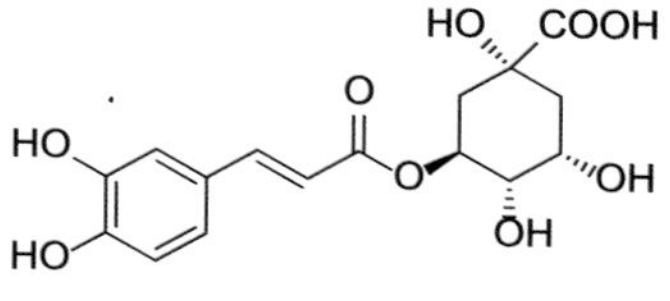 Chlorogenic acid 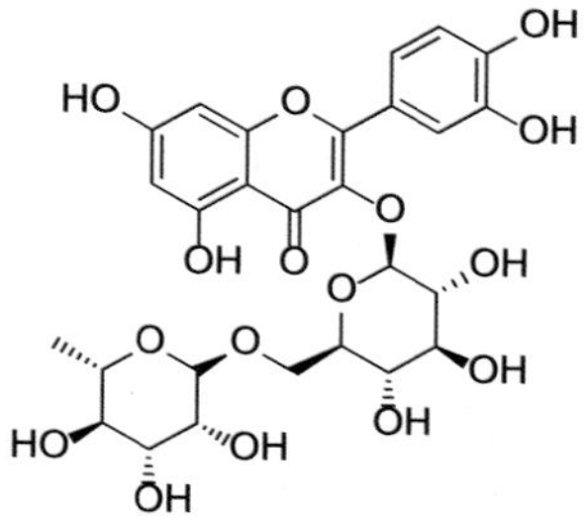 Rutin

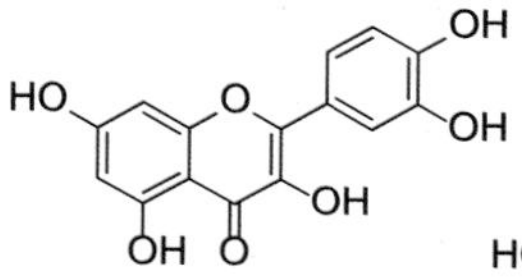

Quercetin 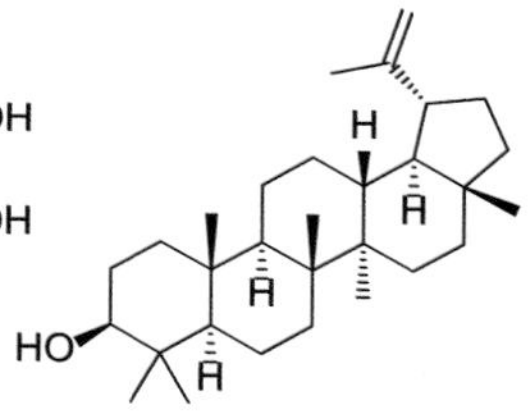 Lupeol 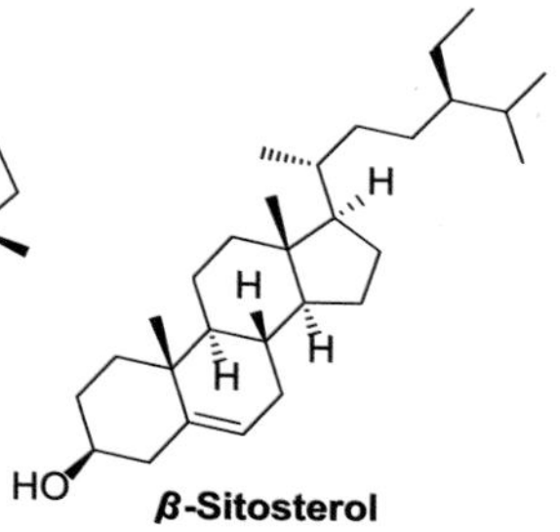 β-Sitosterol 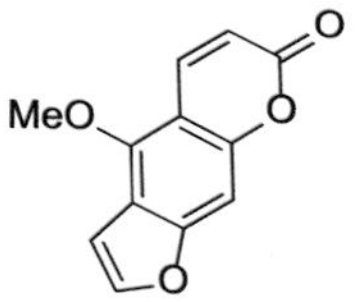 Bergapten

【美白活性研究】

无花果提取物是很好的天然抗氧化剂来源[1]，其富含的黄酮提取物可有效抑制酪氨酸酶（IC_{50} 值为 0.09~0.45 mg/mL）[2]，破坏黑色素的生成；并且其对铜螯合和自由基清除有效（IC_{50} 值分别为 0.05~0.13 mg/mL 和 0.30~1.33 mg/mL），可以应用于美白化妆品的生产[3]。从无花果乳胶中分离出的 3-（2,4-dihydroxyphenyl）propionic acid（DPP acid），对酪氨酸酶的半数抑制浓度 IC_{50} 值为（0.27 ± 0.05）μg/mL，属于竞争性抑制剂[4]。

【参考文献】

[1]Yahiaoui S, Kati DE, Ali LMA, et al. Assessment of antioxid ant, antiproliferative, anti-inflammatory, and enzyme inhibition activities and UPLC-MS phenolic determination of *Ficus carica* latex[J]. Industrial Crops and Products, 2022,

178: 114629.

[2]Meziant L, Bachir–Bey M, Bensouici C, et al. Assessment of inhibitory properties of flavonoid–rich fig (*Ficus carica* L.) peel extracts against tyrosinase, α–glucosidase, urease and cholinesterases enzymes, and relationship with antioxidant activity[J]. European Journal of Integrative Medicine, 2021, 43: 101272.

[3] 周建国 . 一种美白祛斑化瘀的外用药物 : 中国 , CN104056062A[P]. 2014–09–24.

[4] Nerya O, Ben–Arie R, Luzzatto T, et al. Prevention of agaricus bisporus postharvest browning with tyrosinase inhibitors[J]. Postharvest Biology and Technology, 2006, 39(3): 272–277.

23. 佛手瓜 *Sechium edule* (Jacq.) Sw.

【科属】葫芦科 Cucurbitaceae/ 佛手瓜属 *Sechium*

【别名】洋丝瓜

【主要特征】多年生宿根草质藤本。具 3~5 歧卷须。叶片膜质，近圆形，中间裂片较大，侧面裂片较小，先端渐尖，边缘有小细齿，基部心形，背面有短柔毛。雌雄同株，雄花呈总状花序；花萼筒短；花冠辐状，宽 12~17 mm，分裂至基部，裂片卵状披针形；雄蕊 3 枚，花丝合生，花药分离，药室折曲。雌花单生，花梗长 1~1.5 cm ；花冠与花萼与雄花相似；子房倒卵形，具 5 棱，有疏毛，1 室，具 1 枚胚珠，花柱长 2~3 mm，柱头宽 2 mm。果实淡绿色，倒卵形，有稀疏短硬毛，长 8~12 cm，径 6~8 cm，上部有 5 条纵沟，具 1 枚种子。种子卵形，压扁状。

【花果期】花期 7—9 月，果期 8—10 月。

【生境】栽培或逸为野生。

【地理分布】云南各地广泛栽培或逸为野生。其他南方各省（自治区）广泛栽培。原产于墨西哥，常见于世界温暖地区。

【主要价值】果实作蔬菜。

【药典用途】

性凉、味甘，归肺、胃、脾经，具有理气和胃、疏肝止咳的功效。

【民间用途】

作为蔬果食用。

【化妆品原料】

中文名	淋洗类产品最高历史使用量（%）	驻留类产品最高历史使用量（%）
佛手瓜（*Sechium edule*）果提取物	1.02	0.1

【化学成分研究】

主要结构类型：黄酮、多酚、维生素。

代表性成分及结构式：

芦丁（Rutin）、异槲皮素（Isoquercitrin）、五羟基黄酮-3-鼠李糖苷（Myricitrin）、香叶木素（Diosmetin）、维生素 B1（Vitamin B1）、邻羟基肉桂酸（2–Hydroxycinnamic acid）、没食子酸（Gallic acid）、维生素 C（Ascorbic acid）、*β*-胡萝卜素（*β*–Carotene）。

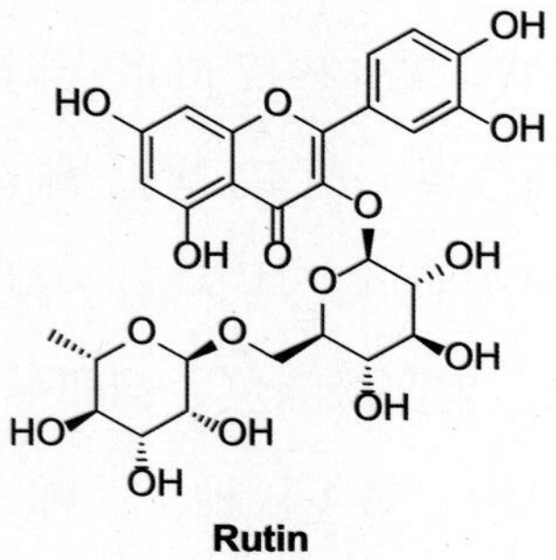

Rutin

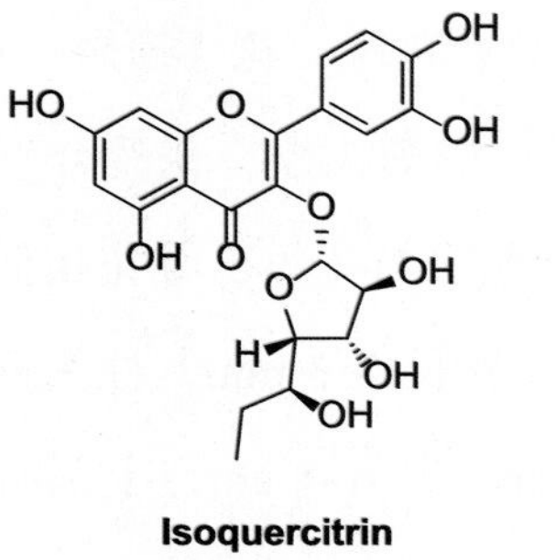

Isoquercitrin

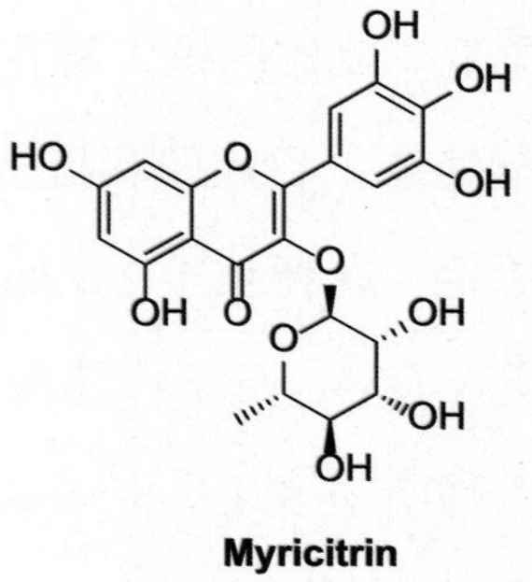

Myricitrin

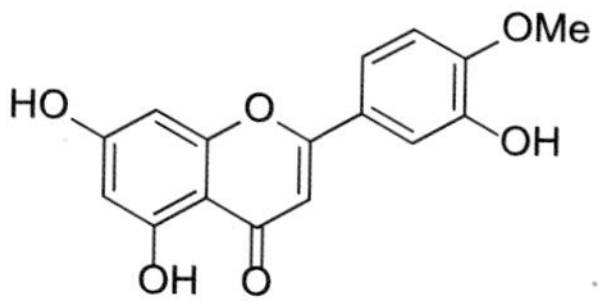

Diosmetin 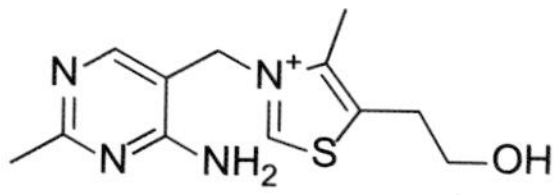　**Vitamin B1** 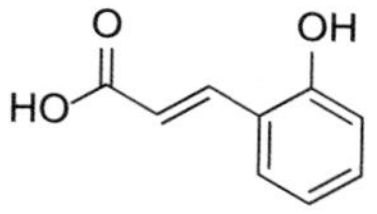　**2-Hydroxycinnamic acid**

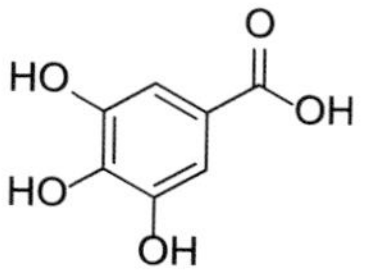

Gallic acid 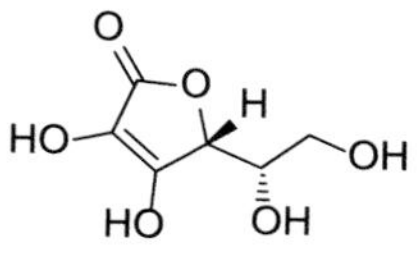　**Ascorbic acid** 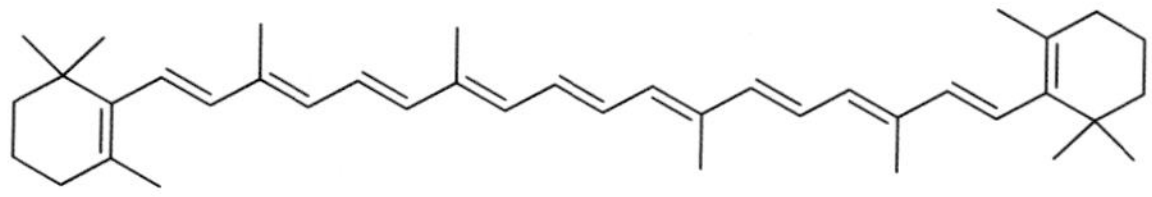　***β*-Carotene**

【美白活性研究】

佛手瓜叶乙醇提取物和种子水提取物通过 *β*– 胡萝卜素漂白表现出很强的抑制活性（抗氧化活性值为 90%），并通过亚油酸酯模型表现出显著的还原作用。没食子酸、咖啡酸和异槲皮素被确定为干燥佛手瓜果肉乙酸乙酯提取物中主要的抗氧化剂成分。绿色和黄色佛手瓜叶水解物的杨梅素含量分别为 756.13 μg/100 g.dw 和 1010.54 μg/100 g.dw[1]。此外，叶提取物对 DPPH 自由基的 IC_{50} 值为 2 μg/mL[2]。提取物有效地减少了由 UVA 诱导的 ROS 产生和氧化 DNA 损伤 [3]。

内皮素 –1（ET–1）是一种黑色素细胞血管收缩剂和促分裂原，ET–1 的分泌可能是导致紫外线照射后色素沉着的根本原因。0.05~0.2 mg/mL 的佛手瓜 30% 甲醇果提取物对猪主动脉内皮细胞分泌 ET–1 具有抑制作用，其中 0.1 mg/mL、0.2 mg/mL 浓度的抑制效果显著（$P<0.001$，与对照组相比），并且提取物可减少 UVB 照射后人类角质形成细胞中的 ET–1 分泌（$P<0.01$，与对照组相比）[4]。

【参考文献】

[1] Vieira EF, Pinho O, Ferreira IMPLVO, et al. Chayote (*Sechium edule*): A review of nutritional composition, bioactivities and potential applications[J]. Food Chemistry, 2019, 275: 557–568.

[2] Ordonez AAL, Gomez JD, Vattuone MA, et al. Antioxidant activities of

Sechium edule (Jacq.) Swartz extracts[J]. Food Chemistry, 2006, 97(3): 452–458.

[3] Metral E, Rachidi W, Damour O, et al. Long–term genoprotection effect of *Sechium edule* fruit extract against UVA irradiation in keratinocytes[J]. Photochemistry and Photobiology, 2018, 94(2): 343–350.

[4] Okamoto Y, Nomura A, Yamanaka A, et al. The Extract of *Sechium edule* fruit reduces endothelin–1 release in cultured cells[J]. Japan Journal of Food Engineering, 2007, 8(3): 117–122.

24. 铁力木 *Mesua ferrea* L.

【科属】红厚壳科 Calophyllaceae/ 铁力木属 *Mesua*

【别名】铁棱

【主要特征】常绿乔木。树皮灰褐色或暗灰色，光滑；小枝对生。叶对生，革质，披针形，全缘，先端渐尖，基部楔形；叶柄长 3~5 mm。花两性，1~3 朵生于叶腋或枝顶；花梗长 3~5 mm ；花大，直径 4~5 cm ；萼片 4 枚，排成两轮，外面两片较小；花瓣 4 枚；雄蕊多数，短于花柱；子房 2 室，每室有胚珠 2 枚，花柱丝状，柱头盾形。果实卵状球形，坚硬，直径 2.5~3 cm，顶端尖，基部被萼片和花瓣的下半部包围，2 或 4 瓣裂；种子 1~4 粒，背面凸起，两侧平坦。

【花果期】花期 3—5 月，果期 8—10 月。

【生境】通常零星栽培；生长于海拔 500~600m 的低丘坡地。

【地理分布】分布于西双版纳、孟连、耿马、沧源、瑞丽、陇川、梁河等地。广东和广西两省（自治区）也有分布。国外主要分布于孟加拉国、印度、马来西亚、斯里兰卡和泰国等国。

【主要价值】可用于庭院观赏绿化；种子可榨油用于工业；树干可作特种工业用材。

【药典用途】

《中华本草》："止咳祛痰，解毒消肿。主咳嗽多痰，疮疡疖肿，痔疮出血，烫伤，毒蛇咬伤。"

【民间用途】

具有调补水血、清火解毒、敛疮收口的功效。花、种子滋补强壮。用于治疗体弱多病、周身酸软无力、黄水疮等症。用法：花每用 5~10 g，水煎服；果适量外用，磨汁擦。

【化妆品原料】

中文名	淋洗类产品最高历史使用量（%）	驻留类产品最高历史使用量（%）
铁力木（*Mesua ferrea*）籽提取物	—	0.0001

【化学成分研究】

主要结构类型：木脂素、挥发油、黄酮、三萜、多酚。

代表性成分及结构式[1-2]：

二氢黄酮（Rhusflavanone）、铁力木双黄酮 B（Mesuaferrone B）、羽扇豆醇（Lupeol）、没食子酸（Gallic acid）、原儿茶酸（Protocatechuic acid）、荭草苷（Luteolin 8-C-glucoside）、阿福豆苷（Kaempferol 3-*O*-rhamnoside）、Mesuaferrin A、托福福林 C（Tovopyrifolin C）。

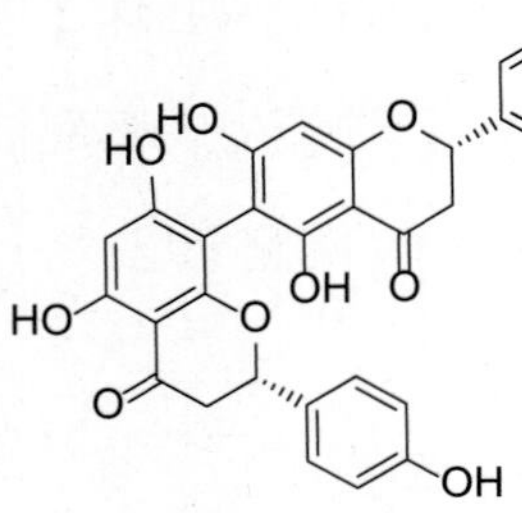

Rhusflavanone 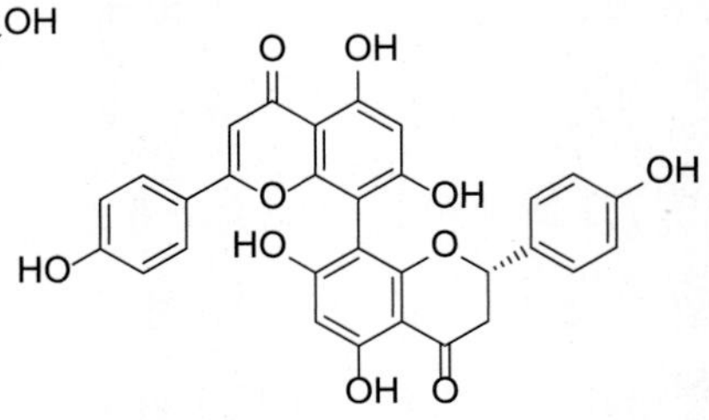　　Mesuaferrone B 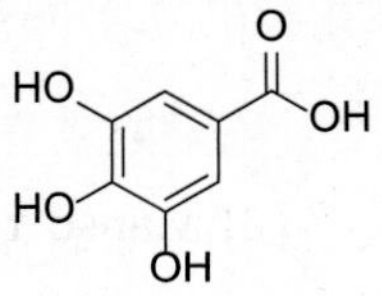　　Gallic acid

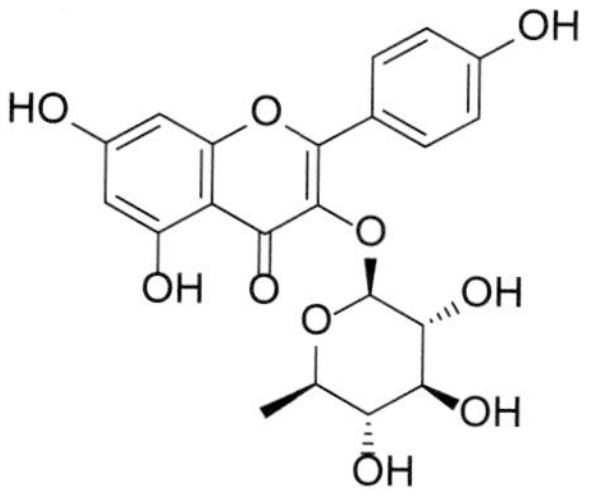

Kaempferol 3-*O*-rhamnoside 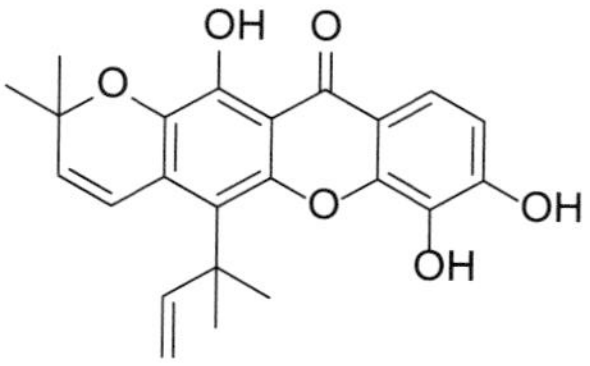　　Mesuaferrin A 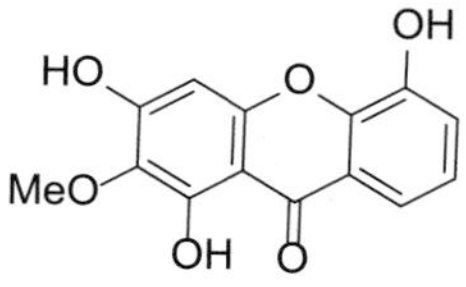　　Tovopyrifolin C

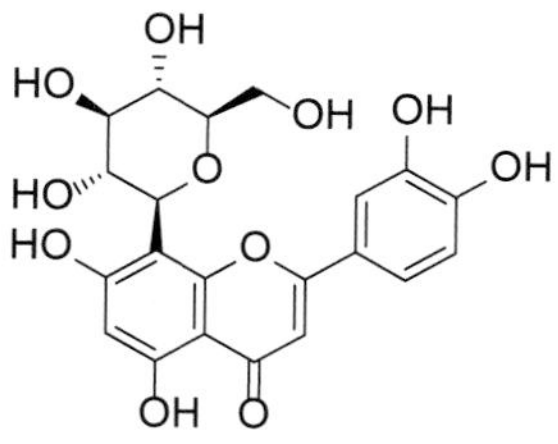

Luteolin 8-*C*-glucoside 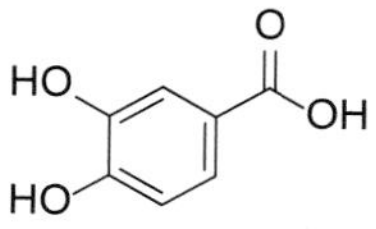　　Protocatechuic acid 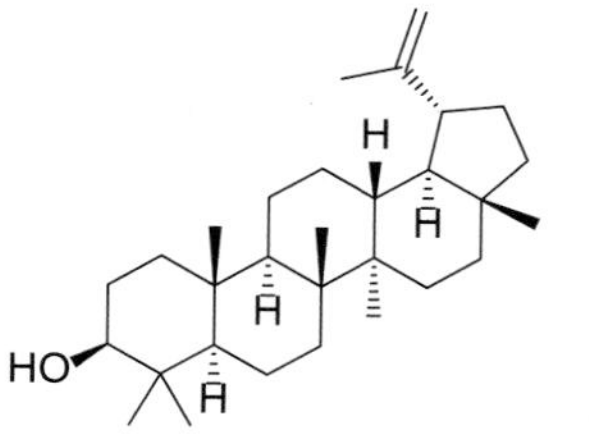　　Lupeol

【美白活性研究】

铁力木 70% 甲醇提取物表现出强的 DPPH 自由基清除和弹性蛋白酶抑制活性以及弱的酪氨酸酶抑制活性，铁力木 70% 甲醇提取物为 100 μg/mL 时对酪氨酶的抑制率为（19.8 ± 5.0）%。从铁力木雄蕊中分离出的化合物 Rhusflavanone、Mesuaferrone B 和 Protocatechuic acid methyl ester，对酪氨酸酶抑制的半数有效浓度 IC_{50} 值分别为（14.3 ± 2.9）μg/mL、（6.0 ± 0.4）μg/mL 和（4.9 ± 0.1）μg/mL。同时，Rhusflavanone、Mesuaferrone B 还具有较好的弹性酶抑制作用，IC_{50} 值分别为（10.6 ± 1.3）μg/mL 和（10.3 ± 1.3）μg/mL[3]。铁力木花乙醇提取物对酪氨酸酶的 IC_{50} 值为（219.58 ± 3.41）μg/mL；其阳性对照曲酸的 IC_{50} 值为（46.05 ± 1.16）μg/mL[4]。

【参考文献】

[1] Teh SS, Ee GCL, Mah SH. Chemical constituents and new xanthone derivatives from *Mesua ferrea and Mesua congestiflora*[J]. Asian Journal of Chemistry, 2013, 25(15): 8780–8784.

[2] Manse Y, Sakamoto Y, Miyachi T, et al. Antiallergic properties of biflavonoids isolated from the flowers of *Mesua ferrea* Linn[J]. Separations, 2022, 9(5): 127.

[3] Myint KZW, Kido T, Kusakari K, et al. Rhusflavanone and mesuaferrone B: tyrosinase and elastase inhibitory biflavonoids extracted from the stamens of *Mesua ferrea* L[J]. Natural Product Research, 2021, 35(6): 1024–1028.

[4] Nakyai W, Pabuprapap W, Sroimee W, et al. Anti–Acne Vulgaris Potential of the Ethanolic Extract of *Mesua ferrea* L. Flowers[J]. Cosmetics, 2021, 8(4): 107.

25. 金丝梅 *Hypericum patulum* Thunb.

【科属】金丝桃科 Hypericaceae/ 金丝桃属 *Hypericum*

【别名】土连翘

【主要特征】丛状灌木。叶片披针形或长圆状披针形至卵形或长圆状卵形，长 1.5~6 cm，宽 0.5~3 cm，主侧脉 3 对，腹腺体多少密集，叶片腺体短线形和点状。花序伞房状；苞片狭椭圆形至狭长圆形。花黄色，直径 2.5~4 cm。萼片离生，在花蕾及果时直立，宽卵形或宽椭圆形或近圆形至长圆状椭圆形或倒卵状匙形，近等大或不等大，长 5~10 mm，宽 3.5~7 mm，先端钝形至圆形或微凹而常有小尖突，边缘有细的啮蚀状小齿至具小缘毛，膜质，中脉通常分明，小脉不明显或略明显，有多数腺条纹。花瓣长圆状倒卵形至宽倒卵形，长 1.2~1.8

cm，宽 1~1.4 cm，边缘全缘或略为啮蚀状小齿，有 1 行近边缘生的腺点。雄蕊 5 束，每束有雄蕊约 50~70 枚，长为花瓣的 2/5~1/2。子房多少呈宽卵珠形，长 5~6 mm，宽 3.5~4 mm；花柱长 4–5.5 mm，长约为子房的 4/5，至几与子房相等，多少直立，向顶端外弯。蒴果宽卵珠形，长 0.9~1.1 cm，宽 0.8~1 cm。种子深褐色，常圆柱形，无或几无龙骨状突起，有浅的线状蜂窝纹。

【花果期】花期 6—7 月，果期 8—10 月。

【生境】生长于海拔 300~2400 m 的山坡或山谷的疏林下、路旁或灌丛中。

【地理分布】云南省各地广布。安徽、福建、广西、湖北、湖南、江苏、江西、陕西、台湾、贵州、四川等省（自治区）也有分布。国外日本、印度和南非等国广泛栽培。

【主要价值】花供观赏；根药用。

【药典用途】

具有清热利湿解毒、疏肝通络、祛瘀止痛的功效。可用于治疗湿热淋病、肝炎、感冒、扁桃体炎、疝气偏坠、筋骨疼痛、跌打损伤等症。

【民间用途】

可活血化瘀、清热解毒。此外还有利尿、催乳等功效。

【化妆品原料】

中文名	淋洗类产品最高历史使用量（%）	驻留类产品最高历史使用量（%）
土连翘[1]（*Hypericum patulum*）提取物	—	—

【化学成分研究】

主要结构类型：二蒽酮、间苯三酚、黄酮、萜、甾体、二苯甲酮、色原酮。

代表性成分及结构式：

芹菜素（Apigenin）、木犀草素（Luteolin）、山柰酚（Kaempferol）、金丝桃苷（Hyperoside）、金丝菌素（Aureothricin）、金缕梅单宁（Hamamelitannin）、

[1] 土连翘是金丝梅的植物俗名。

假金丝桃素（Pseudohypericin）、金丝桃素（Hypericin）、芦丁（Rutin）。

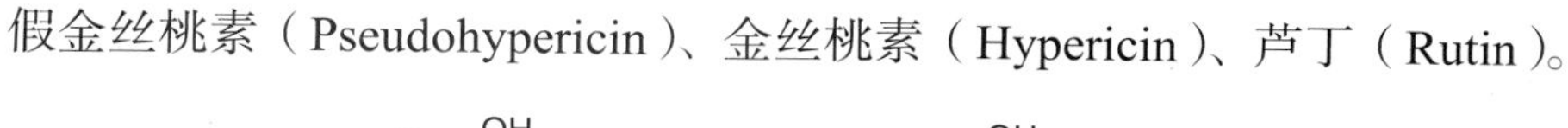

Apigenin　Luteolin　Kaempferol

Hyperoside　Aureothricin　Hamamelitannin

Pseudohypericin　Hypericin　Rutin

【美白活性研究】

金丝梅石油醚超声提取物对 DPPH 自由基的清除 IC_{50} 值 >20 mg/mL，清除能力较弱，对 ABTS 自由基清除作用的 TEAC 值为 3.71 μmol/L，清除能力较强[1]。金丝梅总提物和槲皮素在高浓度时清除 DPPH 自由基的能力较强，在浓度为 8.8 mg/L 时，总提物清除率为（17.53 ± 1.05）%，槲皮素清除率为（90.34 ± 5.37）%[2]。在 2 mg/mL 浓度下，金丝桃属植物水和甲醇提取物的酪氨酸酶抑制率为 55.19%~74.72%[3]。

金丝桃属植物 *Hypericum laricifolium* Juss 的 70% 甲醇提取物浓度为 500 μg/mL 时，对酪氨酸酶的抑制率为（74.00 ± 2.1）%，其 IC_{50} 值为 120.9 μg/mL[4]；同属的 *Hypericum perforatum* L. 的甲醇提取物浓度为 250 μg/mL 时，对酪氨酸酶的抑

制率为（19.21 ± 1.44）%[5]。

【参考文献】

[1] 周福佳，恩超，陈伟，等．金丝梅石油醚超声提取物 GC–MS 分析及其体外抗氧化作用 [J]. 中国现代应用药学，2020, 17(01): 30–34.

[2] 段静雨，李岩，王建慧，等．DPPH 法测定金丝梅体外抗氧化活性 [J]. 徐州医学院学报，2009，29(09): 618–620.

[3] Eruygur N, Ucar E, Akpulat HA, et al. In vitro antioxidant assessment, screening of enzyme inhibitory activities of methanol and water extracts and gene expression in *Hypericum lydium*[J]. Molecular Biology Reports, 2019, 46: 2121–2129.

[4] Quispe YNG, Hwang SH, Wang Z, et al. Screening of peruvian medicinal plants for tyrosinase inhibitory properties: identification of tyrosinase inhibitors in *Hypericum laricifolium* Juss[J]. Molecules, 2017, 22(3): 402.

[5] Altun ML, Yilmaz BS, Orhan IE, et al. Assessment of cholinesterase and tyrosinase inhibitory and antioxidant effects of *Hypericum perforatum* L. (St. John›s wort)[J]. Industrial Crops and Products, 2013, 43: 87–92.

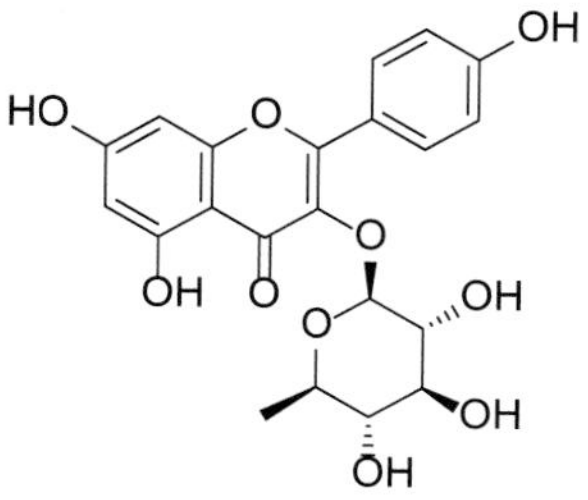

Kaempferol 3-*O*-rhamnoside 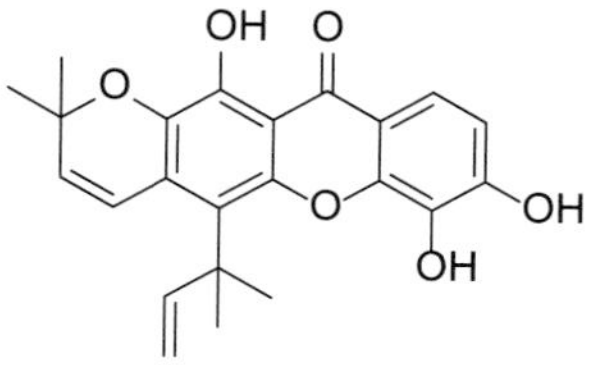　Mesuaferrin A 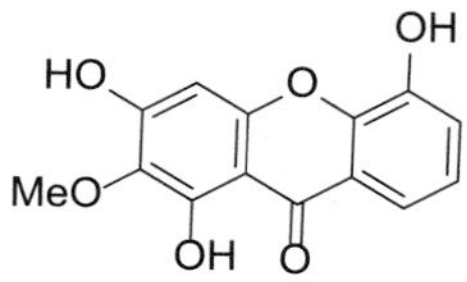　Tovopyrifolin C

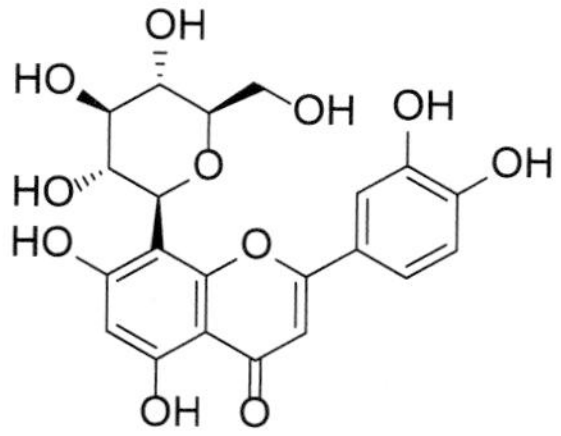

Luteolin 8-*C*-glucoside 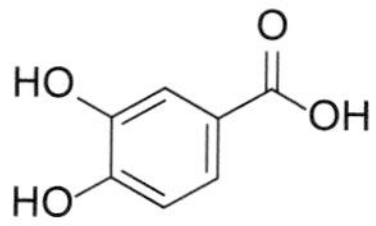　Protocatechuic acid 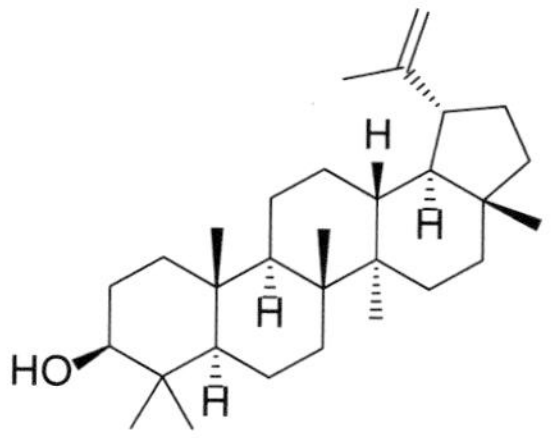　Lupeol

【美白活性研究】

铁力木 70% 甲醇提取物表现出强的 DPPH 自由基清除和弹性蛋白酶抑制活性以及弱的酪氨酸酶抑制活性，铁力木 70% 甲醇提取物为 100 μg/mL 时对酪氨酶的抑制率为（19.8 ± 5.0）%。从铁力木雄蕊中分离出的化合物 Rhusflavanone、Mesuaferrone B 和 Protocatechuic acid methyl ester，对酪氨酸酶抑制的半数有效浓度 IC_{50} 值分别为（14.3 ± 2.9）μg/mL、（6.0 ± 0.4）μg/mL 和（4.9 ± 0.1）μg/mL。同时，Rhusflavanone、Mesuaferrone B 还具有较好的弹性酶抑制作用，IC_{50} 值分别为（10.6 ± 1.3）μg/mL 和（10.3 ± 1.3）μg/mL[3]。铁力木花乙醇提取物对酪氨酸酶的 IC_{50} 值为（219.58 ± 3.41）μg/mL；其阳性对照曲酸的 IC_{50} 值为（46.05 ± 1.16）μg/mL[4]。

【参考文献】

[1] Teh SS, Ee GCL, Mah SH. Chemical constituents and new xanthone derivatives from *Mesua ferrea and Mesua congestiflora*[J]. Asian Journal of Chemistry, 2013, 25(15): 8780–8784.

[2] Manse Y, Sakamoto Y, Miyachi T, et al. Antiallergic properties of biflavonoids isolated from the flowers of *Mesua ferrea* Linn[J]. Separations, 2022, 9(5): 127.

[3] Myint KZW, Kido T, Kusakari K, et al. Rhusflavanone and mesuaferrone B: tyrosinase and elastase inhibitory biflavonoids extracted from the stamens of *Mesua ferrea* L[J]. Natural Product Research, 2021, 35(6): 1024–1028.

[4] Nakyai W, Pabuprapap W, Sroimee W, et al. Anti–Acne Vulgaris Potential of the Ethanolic Extract of *Mesua ferrea* L. Flowers[J]. Cosmetics, 2021, 8(4): 107.

26. 蓖麻 *Ricinus communis* L.

【科属】大戟科 Euphorbiaceae/ 蓖麻属 *Ricinus*

【别名】无

【主要特征】一年生粗壮草本或草质灌木。小枝、叶和花序通常被白霜，茎多液汁。叶近圆形，掌状 7~11 裂，裂缺几达中部，裂片卵状长圆形或披针形，边缘具锯齿；掌状脉 7~11 条，网脉明显；叶柄顶端具 2 枚盘状腺体，基部具盘状腺体；托叶长三角形，早落。总状花序或圆锥花序；苞片阔三角形，膜质，早落；雄花：花萼裂片卵状三角形，长 7~10 mm ；雄蕊束众多；雌花：萼片卵状披针形，长 5~8 mm ；子房卵状，直径约 5 mm，花柱红色，长约 4 mm，顶部 2 裂，密生乳头状突起。蒴果卵球形或近球形，长 1.5~2.5 cm，果皮具软刺或平滑；种子椭圆形，长 8~18 mm，平滑，斑纹淡褐色或灰白色；种阜大。

【花果期】花期几全年或 6—9 月（栽培）。

【生境】栽培或逸生于海拔 20~500 m 或海拔 2300 m 以下的村旁疏林或河流两岸冲积地中，呈多年生灌木。

【地理分布】云南各地海拔 2300 m 以下均有栽培或逸生。其他省（自治区）亦广泛分布，其中华南和西南地区，海拔 20~500 m 间均有栽培或逸生。

【主要价值】种子可榨油，饼粉可作饲料。茎皮为造纸和人造棉原料。

【药典用途】

具有养阴润肺、清心安神的功效。用于治疗阴虚燥咳、劳嗽咯血、虚烦惊悸、失眠多梦、精神恍惚等症。

【民间用途】

可润肤、消肿止痒。

【化妆品原料】

中文名	淋洗类产品最高历史使用量（%）	驻留类产品最高历史使用量（%）
蓖麻（*Ricinus communis*）根提取物	—	—
蓖麻（*Ricinus communis*）油	—	22.3
蓖麻（*Ricinus communis*）籽油	73.5	65.37

【化学成分研究】

主要结构类型：萜、甾醇、黄酮、脂肪酸、生育酚、生物碱、酚酸、香豆素。

代表性成分及结构式：

羽扇豆醇（Lupeol）、硬脂酸（Stearic acid）、槲皮素（Quercetin）、*β*- 谷甾醇（*β*-Sitosterol）、*α*- 生育酚（*α*-Tocopherol）、蓖麻碱（Ricinine）、没食子酸（Gallic acid）、东莨菪内酯（Scopoletin）、黄花菜木脂素 A（Cleomiscosin A）。

Lupeol　Cleomiscosin A　Quercetin

Gallic acid　α-Tocopherol　Ricinine

β-Sitosterol　Stearic acid　Scopoletin

【美白活性研究】

蓖麻提取物美容效果甚佳，其所含的槲皮素、表儿茶素、芦丁等具有高抗氧化活性，IC_{50} 值分别为 4.62 μg/mL、5.82 μg/mL、9.46 μg/mL [1-2]。蓖麻和豆提取物的以合适的比例掺混具有抑制黑色素生成的作用。当将其与化妆品共混时，美白效果取决于蓖麻和豆提取物活性的强度与化妆品的类型 [3]。

【参考文献】

[1] 于丽娜，许婷婷，张玉凤，等．蓖麻限制性酶解蛋白功能特性和抗氧化活性研究 [J]. 食品安全质量检测学报，2015, 6(06): 2188–2194.

[2] Singh PP, Ambika, Chauhan SMS. Activity guided isolation of antioxidants from the leaves of *Ricinus communis* L[J]. Food Chemistry, 2009, 114(3): 1069–1072.

[3] Hata Y, Kishida N, Tsutsumi T. Melanin production inhibitor and beautifying cosmetic/Melanin production inhibitor made from extract of *Ricinus communis* and beautifying cosmetic composition comprising the same: JP, JP2001213757A[P]. 2001–08–07.

27. 石栗 *Aleurites moluccanus* (L.) Willd.

【科属】大戟科 Euphorbiaceae/ 石栗属 *Aleurites*

【别名】油桃

【主要特征】常绿乔木。幼枝密被星状短柔毛。叶卵形至阔披针形或近圆形，长 10~20 cm，宽 5~17 cm，两面被锈色星状短柔毛，后渐脱毛，不分裂或 3~5 浅裂；叶柄顶端有 2 枚小腺体。花小，白色，单性，雌雄同株；圆锥花序顶生，长 10~15 cm，花序分枝及花梗均被稠密的短柔毛及混杂的锈色星状毛；花萼不规则 3 裂，裂片镊合状；花瓣 5 片；雄花有雄蕊 15~20 枚，雌花子房 2 室。核果卵形或球形，直径 5 cm，被锈色星状毛。

【花果期】花期 4—10 月。

【生境】生长于海拔 100~1000 m 的山坡树林或平原上。

【地理分布】分布于富宁、河口、西畴、麻栗坡、景洪、勐腊、勐海、元江等地。福建、广东、广西、海南和台湾等省（自治区）也有分布。国外主要分布于柬埔寨、印度、印度尼西亚、菲律宾、斯里兰卡、泰国、越南和太平洋岛屿等国和地区。广泛种植于热带地区。

【主要价值】可作行道树；种子可榨油。

【药典用途】

具有活血，润肠的功效。用于治疗闭经、肠燥便秘等症。

【民间用途】

石栗种仁含油，可做油漆；树皮可减轻痢疾；捣成浆状的核仁和煮过的叶子可做头痛、溃疡和关节肿大的药方。

【化妆品原料】

中文名	淋洗类产品最高历史使用量（%）	驻留类产品最高历史使用量（%）
石栗（*Aleurites moluccana*）[1]提取物	5.194 8	—
石栗（*Aleurites moluccana*）籽提取物	0.000 5	0.000 01
石栗（*Aleurites moluccana*）籽油	3.5	1
石栗（*Aleurites moluccanus* bakoly）[2]籽油	—	—

【化学成分研究】

主要结构类型：脂肪酸、萜、黄酮、甾醇、香豆素。

代表性成分及结构式[1–2]：

亚油酸（Linoleic acid）、棕榈酸（Palmitic acid）、油酸（Oleic acid）、α-香树脂醇（*α*–Amyrin）、当药黄素（Swertisin）、*β*-谷甾醇（*β*–Sitosterol）、6,7-二甲氧基香豆素（Scoparone）。

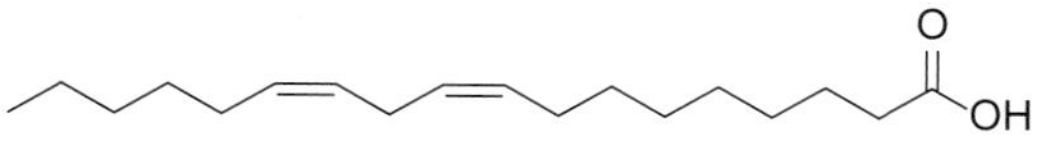

O OH

Linoleic acid

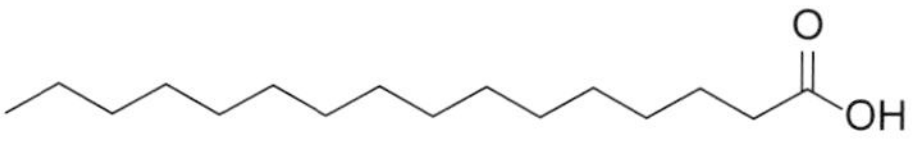

O OH

Palmitic acid

[1] *Aleurites moluccana* 是石栗（*Aleurites moluccanus*）的拉丁异名。

[2] *Aleurites moluccanus* bakoly 此种写法未查明出处。

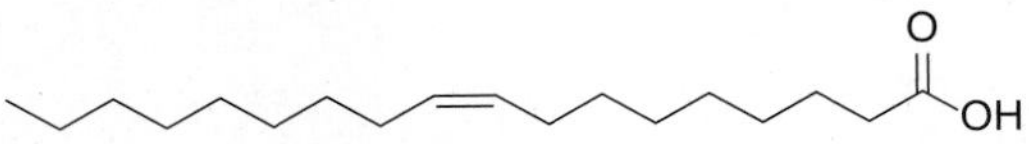

Oleic acid 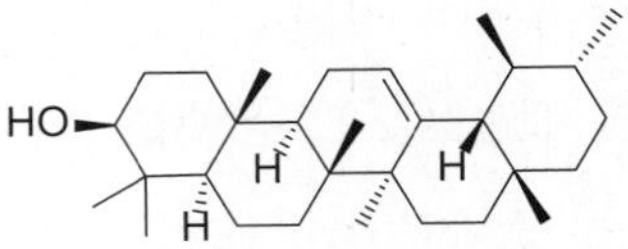　　α-Amyrin

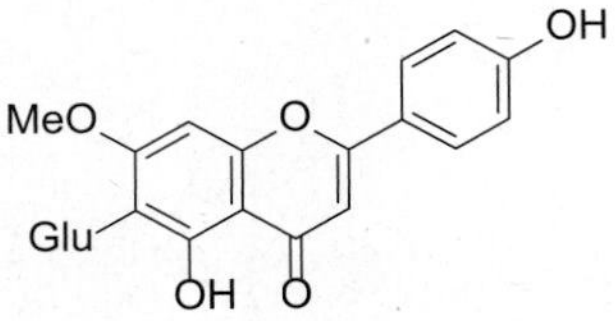

Swertisin 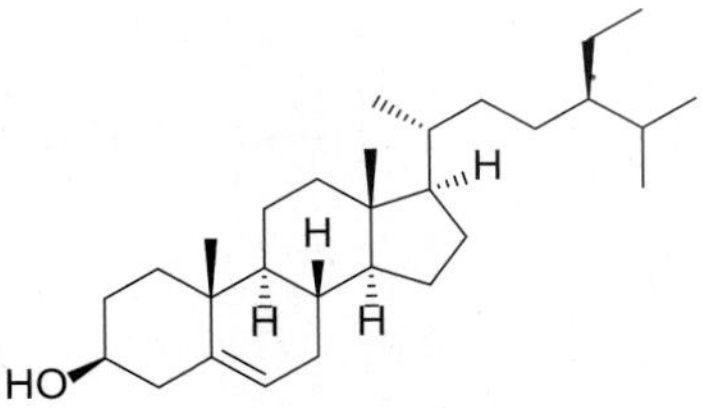　　β-Sitosterol 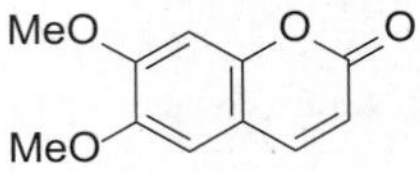　　Scoparone

【美白活性研究】

研究表明，石栗提取物制成的化妆品具有抑制蛋白酶或弹性蛋白酶活性的作用，不仅能防止皮肤衰老，使皮肤光亮，还能抑制黑色素的产生，具有良好的皮肤护理作用[3]。

【参考文献】

[1] 曹晖，肖艳华，王绍云．石栗属和油桐属的化学成分和生物活性 [J]. 凯里学院学报，2007, 25 (6): 43–45.

[2] Meyre–Silva C, Mora TC, Biavatti MW, et al. Preliminary phytochemical and pharmacological studies of *Aleurites moluccana* leaves [L.] Willd[J]. Phytomedicine, 1998, 5(2): 109–113.

[3] Nakaguchi O, Nakahare S. Hair growth stimulants containing *Clerodendron trichotomum* or other plant extracts: JP, JP11286414–A2[P]. 1999–10–19.

28. 余甘子 *Phyllanthus emblica* L.

【科属】叶下珠科 Phyllanthaceae/ 叶下珠属 *Phyllanthus*

【别名】油甘、牛甘果、滇橄榄

【主要特征】乔木。树皮浅褐色；枝条被黄褐色短柔毛。叶片排成两列，线状长圆形，长 8~20 mm，宽 2~6 mm，顶端截平或钝圆，基部浅心形；托叶三角形，长 0.8~1.5 mm，边缘有睫毛。多朵雄花和 1 朵雌花或全为雄花组成腋生的聚伞花序；萼片 6 片；雄花：花梗长 1~2.5 mm；萼片膜质，黄色，长倒卵形或匙形，长 1.2~2.5 mm，宽 0.5~1 mm，边缘全缘或有浅齿；雄蕊 3 枚，花丝合生成长 0.3~0.7 mm 的柱，花药顶端具短尖头，纵裂；花粉近球形，具 4~6 孔沟；花盘腺体 6 枚，近三角形；雌花：萼片长圆形或匙形，长 1.6~2.5 mm，宽

0.7~1.3 mm，边缘具浅齿；花盘杯状，包藏子房达一半以上，边缘撕裂；子房卵圆形，长约 1.5 mm，3 室；花柱 3 枚，基部合生，顶端 2 裂，裂片顶端再 2 裂。蒴果核果状，圆球形，直径 1~1.3 cm。种子长 5~6 mm，宽 2~3 mm。

【花果期】花期 4—6 月，果期 7—9 月。

【生境】生长于海拔 200~2300 m 山地疏林、灌丛、荒地或山沟向阳处。

【地理分布】分布于永善、师宗、巧家、富宁、文山、砚山、西畴、麻栗坡、金平、元阳、河口、屏边、绿春、景东、泸水、景洪、勐海、大理、漾濞、鹤庆、云县、凤庆、临沧、蒙自、双柏、丽江、思茅、腾冲、盈江、新平、峨山、玉溪、华坪、禄劝等地。福建、广东、广西、贵州、海南、江西、四川和台湾等省（自治区）也有分布。国外主要分布于不丹、柬埔寨、印度、印度尼西亚、老挝、马来西亚、缅甸、尼泊尔、菲律宾、斯里兰卡、泰国和南美洲等国家和地区。

【主要价值】可作水土保持树种和造林先锋树种；可作庭院观赏植物；果实供食用；树根和叶供药用；叶晒干供枕芯用料；种子可榨油制肥皂；树皮、叶、幼果可提制栲胶。木材优良，还可作薪炭柴。

【药典用途】

具有清热凉血、消食健胃、生津止咳的功效。用于治疗血热血瘀、消化不良、腹胀、咳嗽、喉痛、口干等症。

【民间用途】

余甘子泡酒降脂减肥，可广泛用于高血脂、高血压、脂肪肝、糖尿病的防治。具有减肥、美容、延缓衰老、清火润喉、解金石毒等功效。

【化妆品原料】

中文名	淋洗类产品最高历史使用量（%）	驻留类产品最高历史使用量（%）
余甘子（*Phyllanthus emblica*）果提取物	—	6
余甘子（*Phyllanthus emblica*）提取物	—	0.71

【化学成分研究】

主要结构类型：鞣质、酚酸、黄酮、萜、甾醇、维生素。

代表性成分及结构式：

诃子酸（Chebulinic acid）、没食子酸（Gallic acid）、邻苯三酚（Pyrogallol）、圣草酚（Eriodictyol）、芦丁（Rutin）、汉黄芩素（Wogonin）、*β*–香树脂醇（*β*–Amyrin）、*β*–谷甾醇（*β*–Sitosterol）、维生素 E（Vitamin E）。

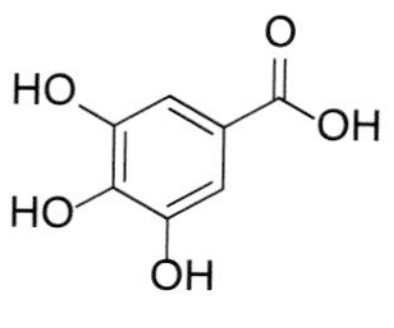

Gallic acid 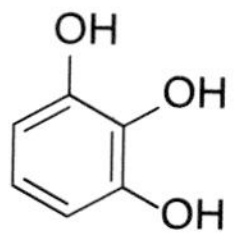　Pyrogallol 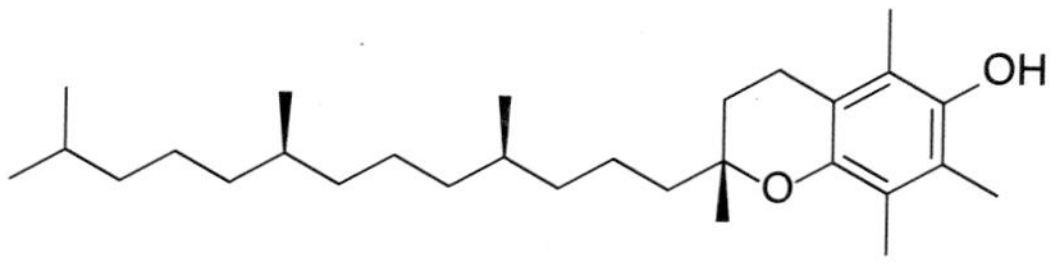　Vitamin E

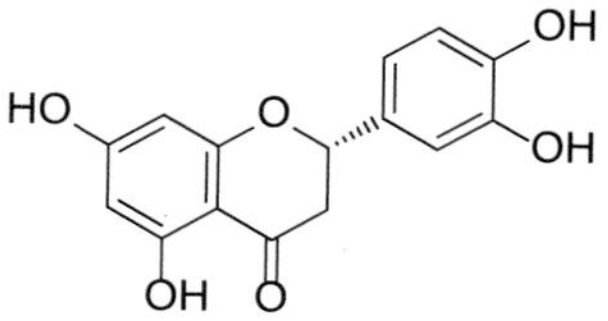

Eriodictyol 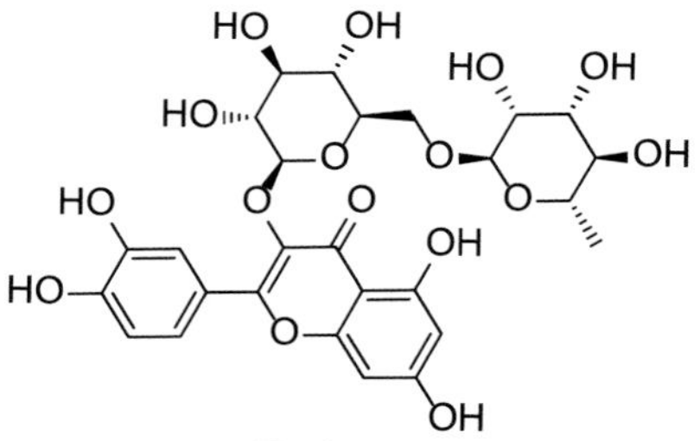　Rutin 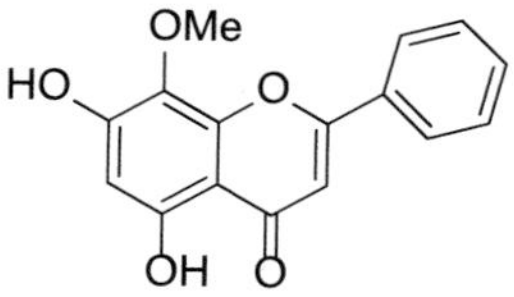　Wogonin

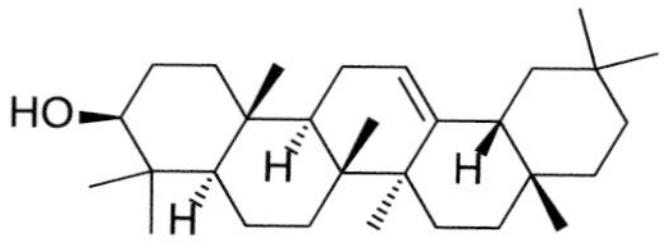

β-Amyrin 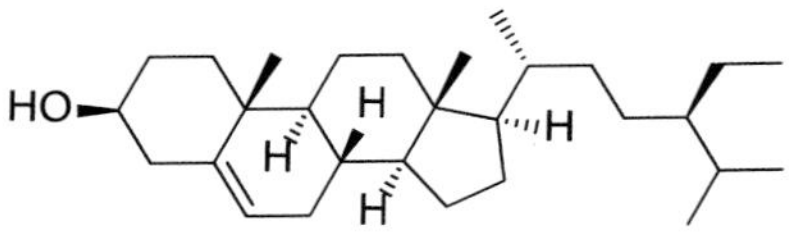　*β*-Sitosterol

【美白活性研究】

余甘子果实提取物对酪氨酸酶的作用与浓度有关，1.8 mg/mL 提取物对酪氨酸酶活性表现出抑制作用[1]；余甘子中单宁溶液对酪氨酸酶的抑制作用随溶液浓度的增大而增大，当溶液浓度为 3 mg/mL 时抑制率达到 47.51%[2]。B16F10 细胞经 0.25 mg/mL 的余甘子果提取物（粉末）处理后，细胞内酪氨酸酶、MITF 和 Trp–1 基因表达量较对照显著降低，细胞黑色素生成量显著减少。在 1 mg/mL

提取物作用下，B16F10 细胞黑色素含量降低 46.25%。该提取物对蘑菇酪氨酸酶也有抑制作用，浓度为 100 mg/mL 时，抑制率为（46.12 ± 0.05）%[3]。

不同干燥方式获得的余甘子提取物对酪氨酸酶的抑制率也有较大差异，直接晒干和真空冷冻干燥的余甘子提取物的 IC_{50} 值分别为 9.8 mg/mL 和 10.3 mg/mL，抑制作用为直接晒干 > 真空冷冻干燥 > 去皮后晒干 >50℃烘干 > 蒸 32 min 后晒干 > 蒸 2 min 后晒干 > 冷冻 24 h 后解冻再晒干 > 蒸 8 min 后晒干，阳性对照曲酸抑制酪氨酸酶活性的 IC_{50} 值为 0.076 mg/mL[4]。

【参考文献】

[1] 于丽娟 , 吴丽华 , 王金香 , 等 . 余甘子提取物抗氧化能力分析和对酪氨酸酶活性的影响 [J]. 西南农业学报 , 2020, 33(07): 1435–1440.

[2] 苏宁 , 王超 , 王昌涛 , 等 . 余甘子中水解性单宁的提取及其功效研究 [J]. 食品科技 , 2012，37(10): 191–195.

[3] Wang YC, Haung XY, Chiu CC, et al. Inhibitions of melanogenesis via *Phyllanthus emblica* fruit extract powder in B16F10 cells[J]. Food Bioscience, 2019, 28: 177–182.

[4] 吴梅 , 李树全 , 李小娇 , 等 . 不同干燥方法对余甘子抗氧化成分及抑制酪氨酸酶活性的影响 [J]. 贵州农业科学 , 2022, 50(12): 139–145.

29. 紫薇 *Lagerstroemia indica* L.

【科属】千屈菜科 Lythraceae/ 紫薇属 *Lagerstroemia*

【别名】千日红、无皮树、百日红、西洋水杨梅、蚊子花、紫兰花、紫金花、痒痒树、痒痒花

【主要特征】叶灌木或小乔木。树皮平滑，灰色或灰褐色；小枝纤细，具4棱，略成翅状。叶互生或有时对生，纸质，椭圆形、阔矩圆形或倒卵形，长2.5~7 cm，宽1.5~4 cm，顶端短尖或钝形，有时微凹，基部阔楔形或近圆形，侧脉3~7对，小脉不明显，无柄或叶柄很短。花淡红色或紫色、白色，直径3~4 cm，常组成7~20 cm的顶生圆锥花序；花梗被柔毛；花萼长7~10 mm，两面无毛，裂片6片，三角形，直立，花瓣6片，皱缩，长12~20 mm，具长爪；

雄蕊 36~42 枚；子房 3~6 室，无毛。蒴果椭圆状球形或阔椭圆形，长 1~1.3 cm，室背开裂；种子有翅，长约 8 mm。

【花果期】花期 6—9 月，果期 9—12 月。

【生境】生长于海拔 1100~2800 m 的路旁或稀林边。

【地理分布】几分布于云南省各地。安徽、福建、广东、广西、贵州、海南、河南、湖北、湖南、江西、吉林、山东、山西、四川、台湾和浙江等省（自治区）也有分布。国外主要分布于孟加拉国、不丹、柬埔寨、印度、印度尼西亚、日本、老挝、马来西亚、缅甸、尼泊尔、巴基斯坦、菲律宾、新加坡、斯里兰卡、泰国和越南等国。

【主要价值】可药用；可作庭园观赏之用；树干可作农具、家具、建筑等的原料木材。

【药典用途】

具有清热解毒、止泻、止血、止痛的功效。用于治疗皮肤水肿、偏头疼、牙病、痛经、产后腹痛、痈疽肿毒、头面疤疖等症。

【民间用途】

可活血、止痛、消风、清热、解毒。树皮、叶及花为强泻剂；根和树皮煎剂可治咯血、吐血、便血。

【化妆品原料】

中文名	淋洗类产品最高历史使用量（%）	驻留类产品最高历史使用量（%）
紫薇（*Lagerstroemia indica*）花提取物	—	0.5
紫薇（*Lagerstroemia indica*）提取物	—	0.8

【化学成分研究】

主要结构类型：酚、黄酮、萜、脂肪酸、木脂素、香豆素。

代表性成分及结构式：

鞣花酸（Ellagic acid）、槲皮素（Quercetin）、杨梅苷（Myricitrin）、3,3,4- 三邻甲基鞣花酸（3,3',4'-Tri-*O*-methylellagic acid）、南烛木树脂酚

（Lyoniresinol）、裸柄吊钟花木糖甙（Nudiposide）、香草醛（Vanillin）、没食子酸（Gallic acid），表儿茶素没食子酸酯（Epicatechin gallate）。

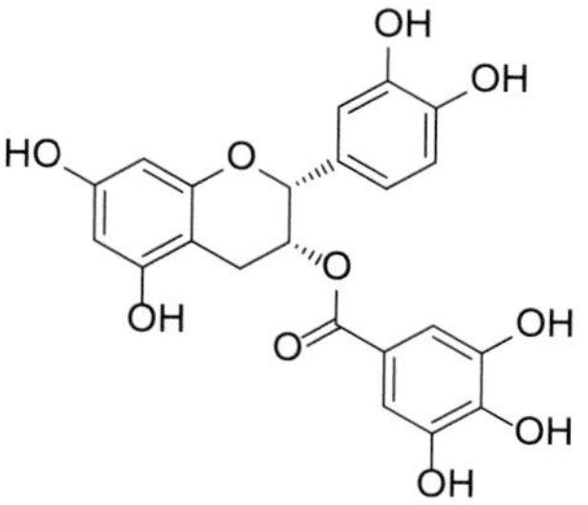

Epicatechin gallate 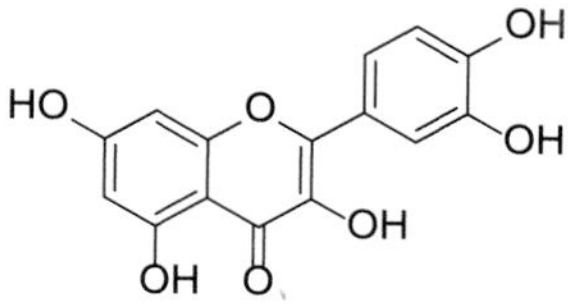　　Quercetin 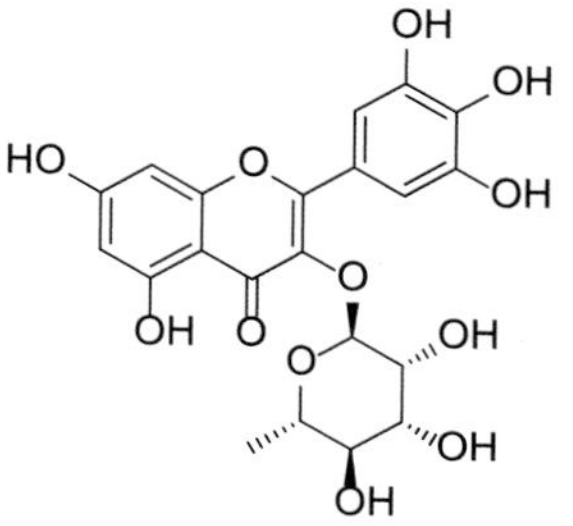　　Myricitrin

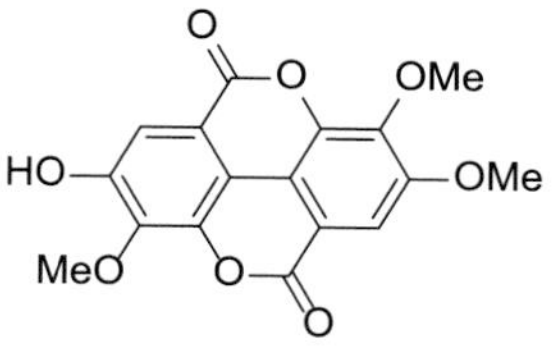

3,3',4'-Tri-*O*-methylellagic acid 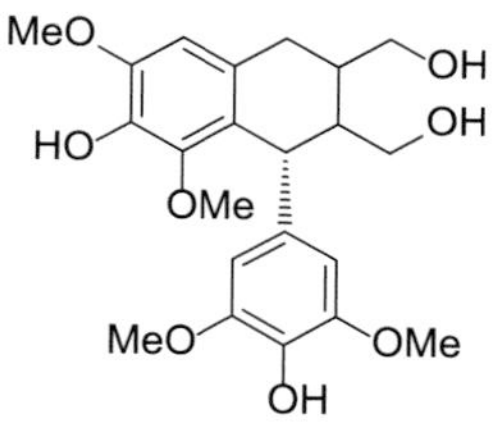　　Lyoniresinol 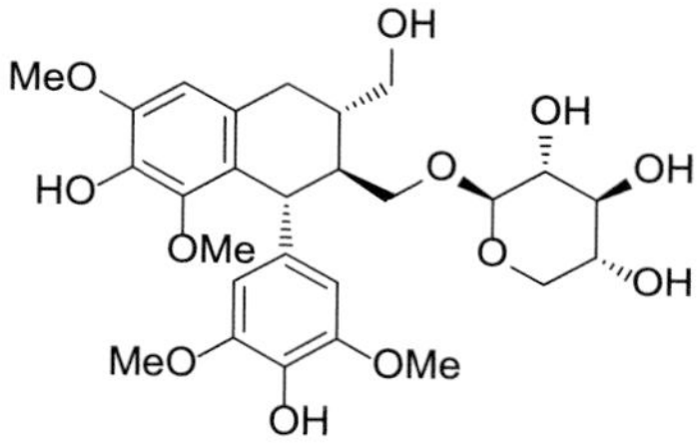　　Nudiposide

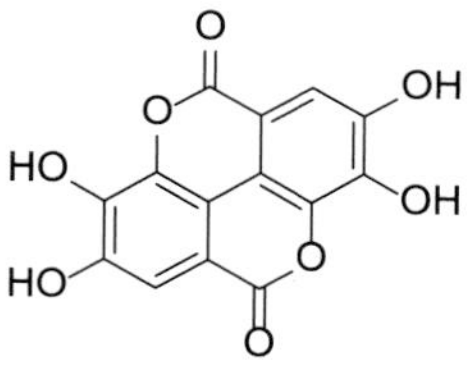

Ellagic acid 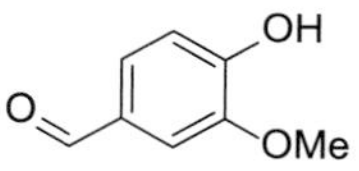　　Vanillin 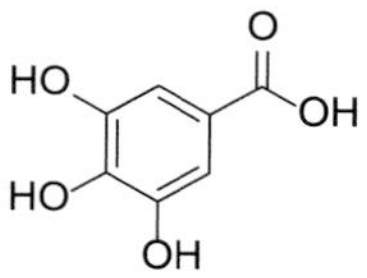　　Gallic acid

【美白活性研究】

紫薇中 80% 甲醇提取物清除 DPPH 自由基的 IC_{50} 值为 3.23 μg/mL[1]。紫薇花提取物针对酪氨酸酶的活性抑制 IC_{50} 值为 433.04 μg/mL[2]。大叶紫薇和多花紫薇的乙醇提取物对 H_2O_2 诱导的角质形成细胞氧化应激具有保护作用，抗氧化活性与维生素 C 相当[3]。

【参考文献】

[1] Rahman FB, Ahmed S, Noor P, et al. A comprehensive multi-directional exploration of phytochemicals and bioactivities of flower extracts from *Delonix regia* (Bojer ex Hook.) Raf., *Cassia fistula* L. and *Lagerstroemia speciosa* L[J].

Biochemistry and Biophysics Reports, 2020, 24: 100805.

[2] Kolakul P, Sripanidkulchai B. Phytochemicals and anti–aging potentials of the extracts from *Lagerstroemia speciosa and Lagerstroemia floribunda*[J]. Industrial Crops and Products, 2017, 109: 707–716.

[3] 何晓佳 , 刘少静 , 潘美驰 , 等 . 紫薇的化学成分和药理活性研究进展 [J]. 化学工程师 , 2021, 35 (10): 43–47.

30. 石榴 *Punica granatum* L.

【科属】千屈菜科 Lythraceae/ 石榴属 *Punica*

【别名】若榴木、丹若、山力叶、安石榴、花石榴

【主要特征】落叶灌木或乔木。枝顶常成尖锐长刺，幼枝具棱角，无毛，老枝近圆柱形。叶通常对生，纸质，矩圆状披针形，长 2~9 cm，顶端短尖、钝尖或微凹，基部短尖至稍钝形。花大，1~5 朵生枝顶；萼筒长 2~3 cm，通常红色或淡黄色，裂片略外展，卵状三角形，长 8~13 mm，外面近顶端有一黄绿色腺体，边缘有小乳突；花瓣通常大，红色、黄色或白色，长 1.5~3 cm，宽 1~2 cm，顶端圆形；花丝无毛，长达 13 mm；花柱长超过雄蕊。浆果近球形，直径 5~12 cm，常为淡黄褐色或淡黄绿色。种子多数呈钝角形。

【花果期】花期 5—7 月，果期 9—10 月。

【生境】栽培种植。

【地理分布】广泛栽培。

【主要价值】可作园林观赏；果可食用。

【药典用途】

具有收敛固涩、止血、杀虫、养阴生津的功效。用于治疗久泻、久痢、便血、疥癣、赤白带下、崩漏带下、虫积腹痛等症。

【民间用途】

可美容护肤，帮助预防胎儿脑损伤、恢复体力、缓解疲劳等。常见果石榴和花石榴品种之分，因此既可作观赏植物，又可作果树。成熟果实味甜，可食。果皮入药。

【化妆品原料】

中文名	淋洗类产品最高历史使用量（%）	驻留类产品最高历史使用量（%）
乳酸杆菌/石榴（*Punica granatum*）果发酵产物提取物	—	2.85
石榴（*Punica granatum*）果皮提取物	—	1.8
石榴（*Punica granatum*）果水	3	0.545
石榴（*Punica granatum*）果提取物	—	87.566
石榴（*Punica granatum*）果汁	—	10
石榴（*Punica granatum*）花提取物	—	0.2
石榴（*Punica granatum*）树皮/果提取物	0.1	—
石榴（*Punica granatum*）树皮提取物	—	0.5
石榴（*Punica granatum*）甾醇类	—	15.66
石榴（*Punica granatum*）汁提取物	—	0.8296
石榴（*Punica granatum*）籽	—	—
石榴（*Punica granatum*）籽粉	5	3
石榴（*Punica granatum*）籽提取物	1	1
石榴（*Punica granatum*）籽油	—	20.2
石榴（*Punica granatum*）提取物	—	5

【化学成分研究】

主要结构类型：鞣酸、维生素、三萜、黄酮。

代表性成分及结构式：

矢车菊素（Cyanidin chloride）、鞣花酸（Ellagic acid）、维生素 C（Vitamin C）、柠檬酸（Citric acid）、苹果酸（Malic acid）、红石榴多酚、齐墩果酸（Oleanolic acid）、没食子酸（Gallic acid）、Praecoxin B。Anthocyanin-3-*O*-*β*-D-glucoside。

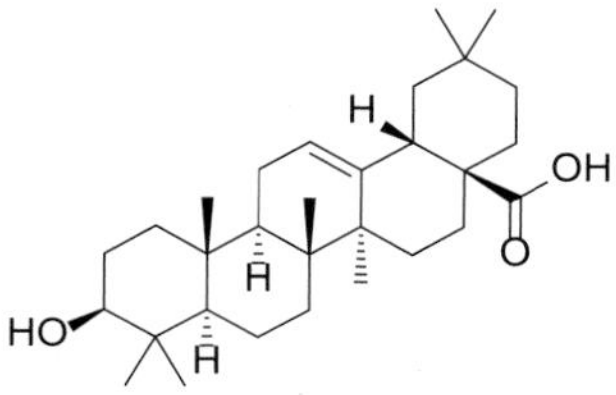

Oleanolic acid 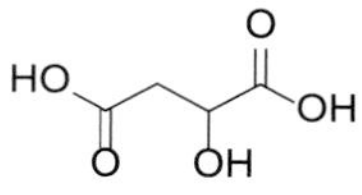　**Malic acid** 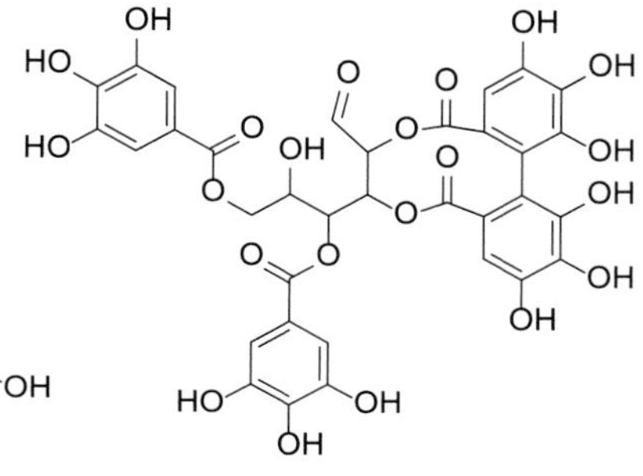　**Praecoxin B**

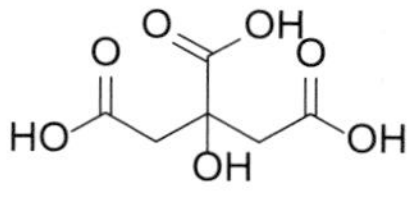

Citric acid 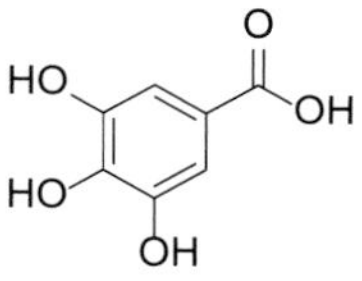　**Gallic acid** 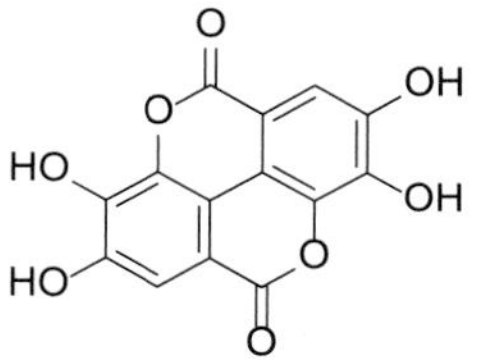　**Ellagic acid**

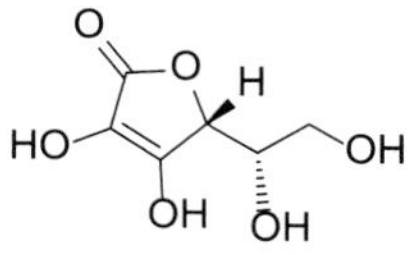

Vitamin C 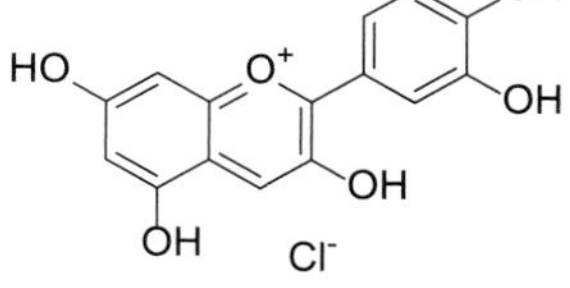　**Cyanidin chloride** 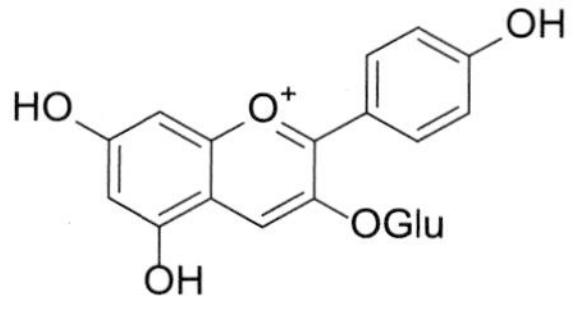　**Anthocyanin-3-*O*-*β*-D-glucoside**

【美白活性研究】

石榴皮粗提物、鞣花酸和熊果苷对酪氨酸羟化酶的 IC_{50} 值分别为 0.99 mg/mL、0.20 mg/mL、0.08 mg/mL [1]。石榴皮粗提物、鞣花酸和熊果苷对多巴氧化酶的 IC_{50} 值分别为 1.66 mg/mL、0.48 mg/mL、1.71 mg/mL [1]。70% 乙醇水溶液石榴皮提取物，以剂量依赖性方式表现出对 DPPH 和 ABTS 自由基的清除活性 [2]。使用超声波辅助提取得到的石榴皮醇提物对酪氨酸酶具有较强的活性抑制作用，抑制率为98.61%[3]。

石榴中酚类化合物的主要成分安石榴苷（punicalagin）在体外 [IC_{50}=（0.64 ± 0.05）mmol/L] 和 B16F10 细胞 [IC_{50} =（16 ± 0.7）μmol/L] 上均能显著抑制酪氨酸酶活性，punicalagin 主要通过与酪氨酸酶结合，影响结合位点的疏水性和极性环境从而改变酪氨酸酶的构象，导致酪氨酸酶活性降低[4]。此外，一项对众多中草药的功效研究发现，石榴果皮乙醇提取物在终浓度为 666 μg/mL 时对酪氨酸酶的抑制率为（22.63 ± 2.74）%[5]；石榴皮甲醇提取物浓度为 0.072 mg/mL 时，对酪氨酸酶的抑制率为（75.9 ± 4.7）%；石榴皮中含有槲皮素，其单体浓度为 0.02 mg/ ml 时，对酪氨酸酶的抑制率为（94.2 ± 3.5）%[6]。

【参考文献】

[1] 杨笑笑，卢婕，曹玉华，等．石榴皮中鞣花酸的美白及抑菌性能的研究[C]. 中国香料香精化妆品工业协会．第十届中国化妆品学术研讨会论文集．[出版者不详], 2014: 351–355.

[2] Hadjadj S, Benyahkem M, Lamri K, et al. Potential assessment of pomegranate (*Punica Granatum* L.) fruit peels as a source of natural antioxidants[J]. Pharmacophore, 2018, 9(4): 29–35.

[3] 敖新宇，刘守庆，陈玉惠．石榴皮中有效成分的提取及增白效果的研究[J]. 安徽农业科学, 2012, 40(10): 6183–6185.

[4] Yu ZY, Xu K, Wang X, et al. Punicalagin as a novel tyrosinase and melanin inhibitor: Inhibitory activity and mechanism[J]. LWT–Food Science and Technology, 2022, 161: 113318.

[5] Deniz FSS, Orhan IE, Duman H. Profiling cosmeceutical effects of various herbal extracts through elastase, collagenase, tyrosinase inhibitory and antioxidant assays[J]. Phytochemistry Letters, 2021, 45: 171–183.

[6] Ahmed MH, Aldesouki HM, Badria FA. Effect of phenolic compounds from the rind of *Punica granatum* on the activity of three metabolism–related enzymes[J]. Biotechnology and Applied Biochemistry, 2020, 67(6): 960–972.

31. 桃金娘 *Rhodomyrtus tomentosa* (Aiton) Hassk.

【科属】桃金娘科 Myrtaceae/ 桃金娘属 *Rhodomyrtus*

【别名】岗稔

【主要特征】灌木。嫩枝有灰白色柔毛。叶对生，革质，叶片椭圆形或倒卵形，长 3~8 cm，宽 1~4 cm，先端圆或钝，常微凹，有时稍尖，基部阔楔形，上面初时有毛，以后变无毛，发亮，下面有灰色茸毛，离基三出脉，直达先端且相结合，边脉离边缘 3~4 mm，中脉有侧脉 4~6 对，网脉明显；叶柄长 4~7 mm。花有长梗，常单生，紫红色，直径 2~4 cm；萼管倒卵形，长 6 mm，有灰茸毛，萼裂片 5 片，近圆形，长 4~5 mm，宿存；花瓣 5 片，倒卵形，长 1.3~2 cm，雄蕊红色，长 7~8 mm；子房下位，3 室，花柱长 1 cm。浆果卵状壶形，长 1.5~2 cm，宽 1~1.5 cm，熟时紫黑色；种子每室 2 列。

【花果期】花期 4—5 月，果期 7—9 月。

【生境】生长于丘陵坡地。

【地理分布】分布于富宁、河口、文山、屏边等地。福建、广东、广西、贵州、湖南、江西、台湾和浙江等省（自治区）也有分布。国外主要分布于柬埔寨、印度、印度尼西亚、日本、老挝、马来西亚、缅甸、菲律宾、斯里兰卡和越南等国。

【主要价值】植物常作酸性土指示植物，根可入药。

【药典用途】

《中华本草》："补血，滋养，安胎，止血，涩肠，固精。用于病后血虚，神经衰弱，吐血，便血，痢疾，脱肛，耳鸣，遗精，血崩，月经不调，白带过多。"

【民间用途】

用于治疗急慢性肠胃炎、胃痛、消化不良、肝炎、痢疾、风湿性关节炎、腰肌劳损、功能性子宫出血、脱肛等症；外用治烧烫伤。

【化妆品原料】

中文名	淋洗类产品最高历史使用量（%）	驻留类产品最高历史使用量（%）
桃金娘（*Rhodomyrtus tomentosa*）果提取物	—	0.1

【化学成分研究】

主要结构类型：三萜、黄酮、酚、类萜。

代表性成分及结构式[1-2]：

α- 荜澄茄油烯（*α*–Cubebene）、大根香叶烯 B（Germacrene B）、没食子酸（Gallic acid）、羽扇豆醇（Lupeol）、杨梅苷（Myricitrin）、槲皮素（Quercetin）、Rhodomyrtosone A、蒲公英赛醇（Taraxerol）、Tomentodione F。

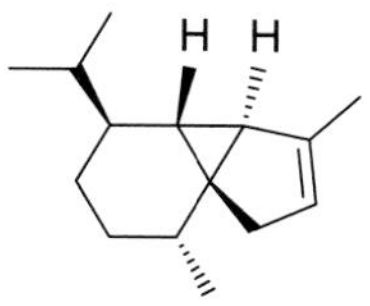

α-Cubebene

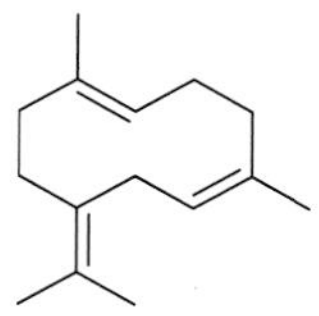

Germacrene B

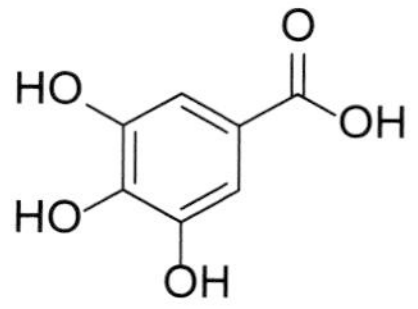

Gallic acid

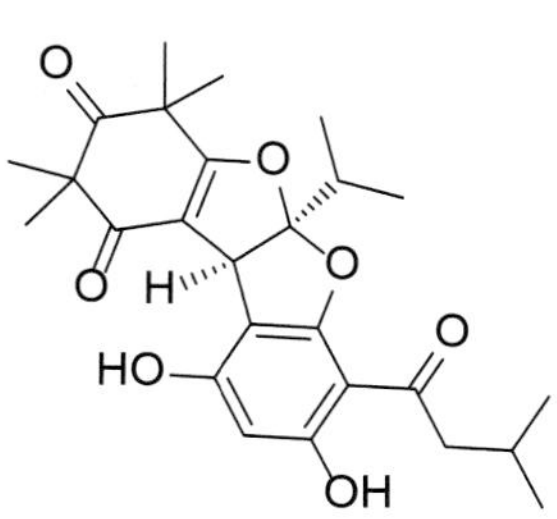

Rhodomyrtosone A

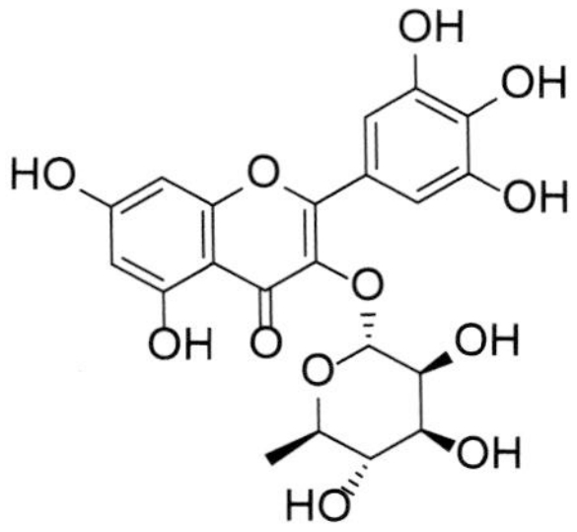

Myricitrin

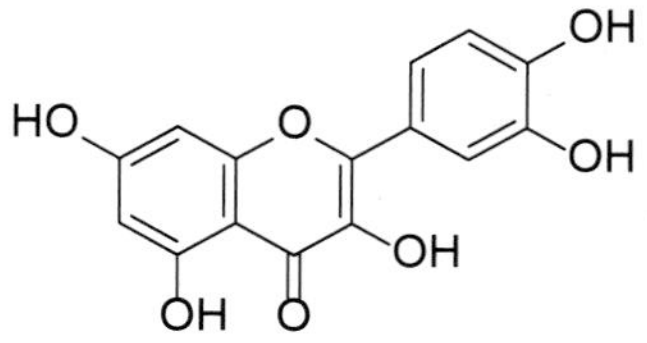

Quercetin

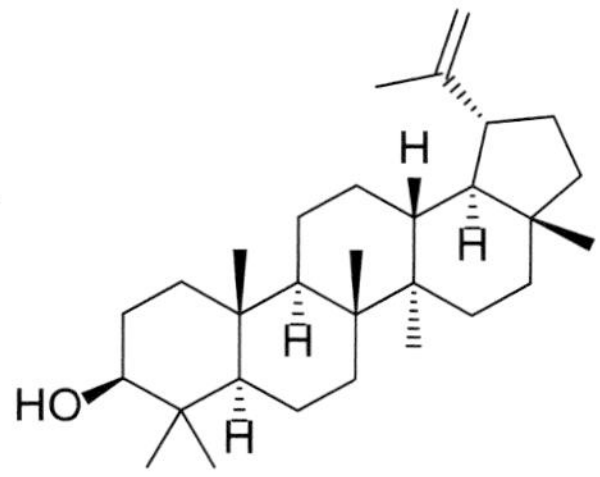

Lupeol

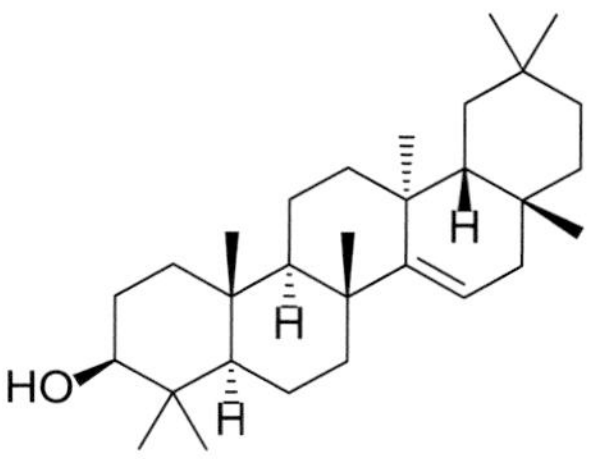

Taraxerol

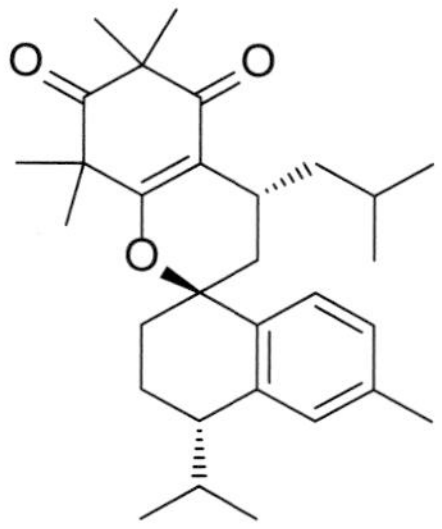

Tomentodione F

【美白活性研究】

桃金娘甲醇提取物在 DPPH [EC_{50}=（110.25 ± 0.005）μg/mL]、CUPRAC[EC_{50}=（53.84 ± 0.004）μg/mL] 和 *β*- 胡萝卜素漂白 [EC_{50}=（58.62 ± 0.001）μg/mL] 中表现出显著的抗氧化活性 [3]。桃金娘中含有的化合物 2*α*,3*β*,23- 三羟基齐墩果烷 -11,13(18)- 二烯 -28- 酸、3*β*,23- 二羟基齐墩果烷 -18- 烯 -28- 酸、羽扇豆醇、白桦脂醇、白桦脂酸、无羁萜对黑色素瘤 SK-MEI-110 细胞均具有一定的抑制作用 [4]；桃金娘提取物及其分离出的化合物 Piceatannol 可增强 DNA 聚合酶的活性，并抑制 UVB 诱导的皮肤细胞 DNA 损伤引起的炎症反应 [5]。并且，采用水提法获得的桃金娘果中的可溶性膳食纤维浓度在 1.0

mg/mL 时对糖基化终产物（AGEs）的总荧光抑制率为 37.71%，当剂量增加到 2.0 mg/mL 时，其抑制率进一步达到 68.43%，表明其具有一定的抗糖化作用[6]。

【参考文献】

[1]Zhao ZF, Wu L, Xie J, et al. *Rhodomyrtus tomentosa* (Aiton.): A review of phytochemistry, pharmacology and industrial applications research progress[J]. Food Chemistry, 2020, 309: 125715.

[2] Hui WH, Li MM, Luk K. Triterpenoids and steroids from *Rhodomyrtus tomentosa*[J]. Phytochemistry, 1975, 14(3): 833–834.

[3] Abd–Hamid H, Mutazah R, Yusoff MM, et al. Comparative analysis of antioxidant and antiproliferative activities of *Rhodomyrtus tomentosa* extracts prepared with various solvents[J]. Food and Chemical Toxicology, 2017, 108(Part B): 451–457.

[4] 蔡云婷 , 耿华伟 . 桃金娘根的化学成分研究 [J]. 中药材 , 2016, 39(06): 1303–1307.

[5] Shiratake S, Nakahara T, Iwahashi H, et al. Rose myrtle (*Rhodomyrtus tomentosa*) extract and its component, piceatannol, enhance the activity of DNA polymerase and suppress the inflammatory response elicited by UVB-induced DNA damage in skin cells[J]. Molecular Medicine Reports, 2015, 12(4): 5857–5864.

[6] Deng YJ, Liu Y, Zhang CH, et al. Characterization of enzymatic modified soluble dietary fiber from *Rhodomyrtus tomentosa* fruits: a potential ingredient in reducing ages accumulation[J]. Food and Bioprocess Technology, 2023, 16: 232–246.

32. 杧果 *Mangifera indica* L.

【科属】漆树科 Anacardiaceae/ 杧果属 *Mangifera*

【别名】檬果、芒果、莽果、蜜望子、蜜望、望果、抹猛果、马蒙

【主要特征】常绿大乔木。树皮灰褐色，小枝褐色，无毛。叶薄革质，通常为长圆形或长圆状披针形，长 12~30 cm，宽 3.5~6.5 cm，先端渐尖、长渐尖或急尖，基部楔形或近圆形，边缘皱波状，无毛；叶面略具光泽，侧脉 20~25 对，斜升，两面突起，网脉不显；叶柄长 2~6 cm，上面具槽，基部膨大。圆锥花序长 20~35 cm，多花密集，被灰黄色微柔毛，分枝开展；苞片披针形，长约 1.5 mm，被微柔毛；花小，杂性，黄色或淡黄色；花梗长 1.5~3 mm，具节；萼片卵状披针形，长 2.5~3 mm，宽约 1.5 mm，渐尖，外面被微柔毛，边缘具细睫毛，花瓣长圆形或长圆状披针形，长 3.5~4 mm，宽约 1.5 mm，无毛，里面

具 3~5 条棕褐色突起的脉纹，开花时外卷；花盘膨大，肉质，5 浅裂，雄蕊仅 1 枚发育，长约 2.5 mm；花药卵圆形，不育雄蕊 3~4 枚；子房斜卵形，径约 1~5 mm，无毛；花柱近顶生，长约 2.5 mm。核果大，肾形（栽培品种，其形状和大小变化极大），压扁，长 5~10 cm，宽 3~4.5 cm。

【花果期】花期 3—5 月，果期 6—11 月。

【生境】生长于海拔 200~1350m 的山坡、河谷或旷野林中。广泛栽培。

【地理分布】分布于云南省东南部至西南部热带、亚热带各地州。福建、广东、广西和台湾等省（自治区）也有分布。原产于东南亚大陆，全世界热带地区栽培。

【主要价值】果实可食可酿酒，亦可入药；树干可作建筑木材用料。

【药典用途】

《中华本草》："益胃；生津；止呕；止咳。主口渴；呕吐；食少；咳嗽。"

《食性本草》："主妇人经脉不通，丈夫营卫中血脉不行。叶可以作汤疗渴疾。"

《开宝本草》："食之止渴。"《纲目拾遗》："益胃气，止呕晕。"

【民间用途】

用于治疗咳嗽、食欲不振、睾丸炎、头痛发热、声哑、失音、水肿、鼻衄不止、腹中痃痞、哮喘、哮喘发作持续不停、烫伤等症。

【化妆品原料】

中文名	淋洗类产品最高历史使用量（%）	驻留类产品最高历史使用量（%）
芒果（*Mangifera indica*）果	—	—
芒果（*Mangifera indica*）果提取物	—	18
芒果（*Mangifera indica*）提取物	—	—
芒果（*Mangifera indica*）叶提取物	—	0.1
芒果（*Mangifera indica*）汁	29.998	0.5
芒果（*Mangifera indica*）籽	0.8	—
芒果（*Mangifera indica*）籽油	—	5
芒果（*Mangifera indica*）籽脂	—	37.7

【化学成分研究】

主要结构类型：多酚、萜。

代表性成分及结构式[1]：

榄香烯（β–Elemene）、α– 愈创木烯（α–Guaiene）、香橙烯（Aromadendrene）、β– 胡萝卜素（β–Carotene）、没食子酸（Gallic acid）、芒果苷（Mangiferin）、石竹烯（β–Caryophyllene）、Maclurin–3–C–β–glucoside。

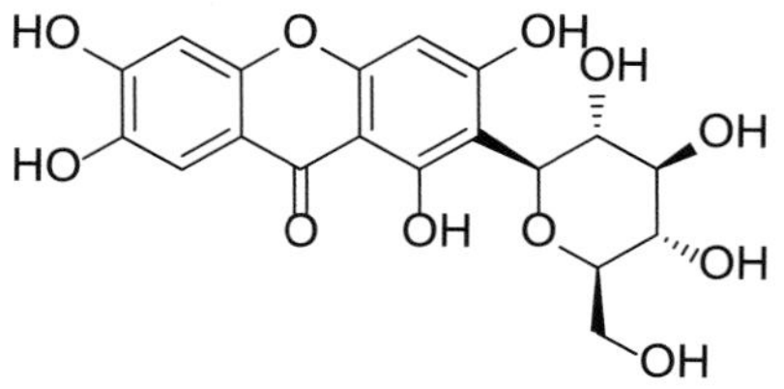

Mangiferin 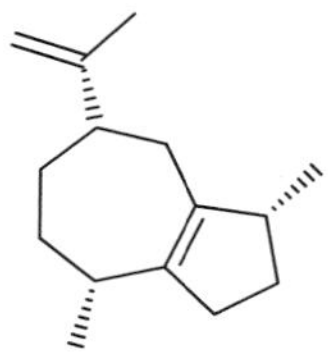 **α-Guaiene** 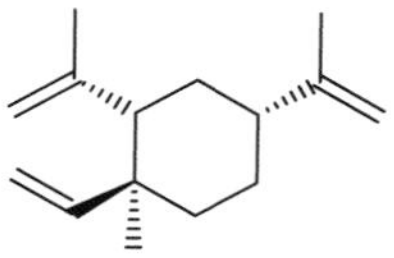 ***β*-Elemene**

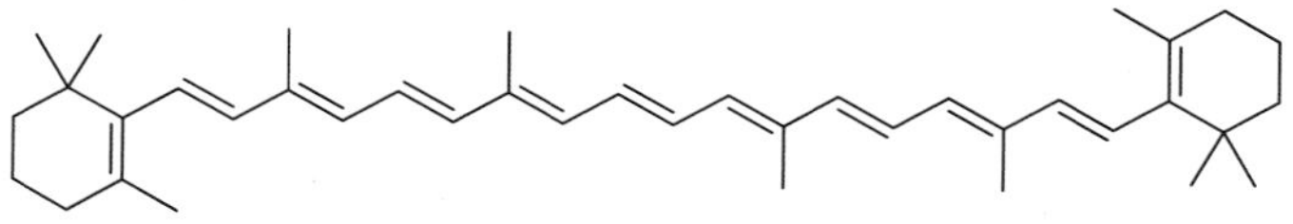

***β*-Carotene** 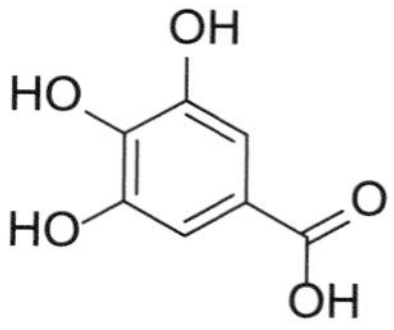 **Gallic acid**

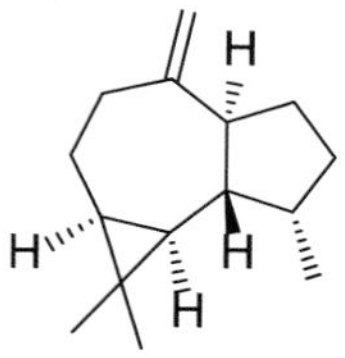

Aromadendrene 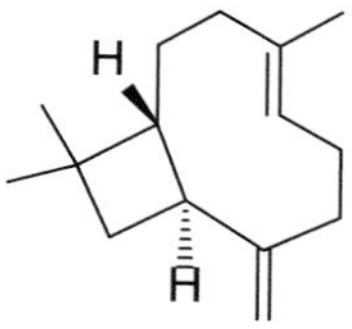 ***β*-Caryophyllene** 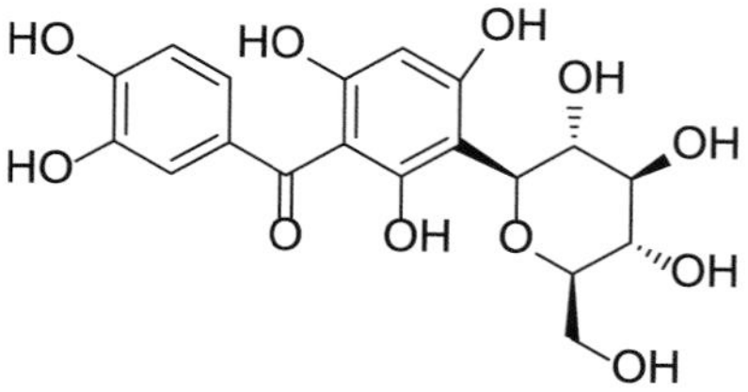 **Maclurin-3-C-*β*-glucoside**

【美白活性研究】

体外抗氧化实验表明，芒果苷对羟基自由基 OH、超氧自由基 O^{2-}、DPPH 具有一定的清除能力，且随着芒果苷浓度的增大，清除能力增强，浓度大于 1.5 mg/mL 时，对 O^{2-}、DPPH 的清除效果与维生素 C 相当[2]。芒果苷通过协调皮脂的产生和作用于痤疮丙酸杆菌的代谢，对易长粉刺的皮肤有益[3]。浓度为 30 g/L 的芒果嫩叶提取物对 OH 自由基的清除率达 96.71%，对脂质过氧化的抑制率达 95.83%；浓度为 40 g/L 的绿熟果仁提取物对超氧阴离子自由基的清除率达 94.61%[4]；从芒果皮渣中提取的多酚对 DPPH、ABTS+、羟自由基和超氧阴离子自由基的 IC_{50} 值分别为 0.191×10^{-3} mg/mL、0.081 mg/mL、0.43 mg/mL 和 0.63 mg/mL[5]。芒果仁乙醇粗提物（MSKE）及其中含有的酚类物质 pentagalloylglucopyranose（PGG）、methyl gallate（MG）和 gallic acid（GA）、阳性对照曲酸对酪氨酸酶的半数抑制浓度 IC_{50} 值分别为（98.63 ± 1.62）μg/mL、（42.65 ± 1.85）μg/mL、（62.50 ± 0.50）μg/mL、（644.00 ± 14.00）μg/mL 和（2.21 ± 0.05）μg/mL，分子对接研究揭示了其可能机制为在双核铜活性位点周围的酪氨酸酶疏水结合位点上，酚类物质的结合取向发生变化导致酶活性受到抑制[6]。

【参考文献】

[1] Choudhary P, Devi TB, Tushir S, et al. Mango Seed Kernel: A bountiful source of nutritional and bioactive compounds[J]. Food and Bioprocess Technology, 2023, 16(2): 289–312.

[2] 马妍丽 , 黎祥妮 , 钱冬梅 , 等 . 芒果苷的提取及其抗氧化活性研究 [J]. 山东化工 , 2020, 49(24): 24–26.

[3] Tollenaere MD, Boira C, Chapuis E, et al. Action of *Mangifera indica* leaf extract on acne–prone skin through sebum harmonization and targeting C. *acnes*[J]. Molecules, 2022, 27(15): 4769.

[4] 韦会平 , 郑毅 , 韩洪波 . 芒果清除自由基活性成分及抗氧化作用研究 [J]. 南方农业学报 , 2020, 51(04): 922–928.

[5] 胡会刚 , 赵巧丽 . 芒果皮渣多酚的提取分离及抗氧化活性分析 [J]. 现代食品科技 , 2020, 36(02): 53–62.

[6] Nithitanakool S, Pithayanukul P, Bavovada R, et al. Molecular docking studies and anti–tyrosinase activity of thai mango seed kernel extract[J]. Molecules, 2009, 14(1): 257–265.

33. 盐麸木 *Rhus chinensis* Mill.

【科属】漆树科 Anacardiaceae/ 盐麸木属 *Rhus*

【别名】肤连泡、盐酸白、盐肤子、肤杨树、角倍、倍子柴、红盐果、酸酱头、土椿树、盐树根、红叶桃、乌酸桃、乌烟桃、乌盐泡、乌桃叶、木五倍子、山梧桐、五倍子、五倍柴、五倍子树、盐肤木

【主要特征】灌木或小乔木。小枝、叶柄及花序都密生褐色柔毛。单数羽状复叶互生，叶轴及叶柄常有翅；小叶 7~13 片，纸质，长 5~12 cm，宽 2~5 cm，边有粗锯齿，下面密生灰褐色柔毛。圆锥花序顶生；花小，杂性，黄白色；萼片 5~6 片，花瓣 5~6 片，核果近扁圆形，直径约 5 mm，红色，有灰白色短柔毛。

【花果期】花期 8—9 月，果期 10 月。

【生境】生长于海拔 100~2800m 的向阳山坡、沟谷、溪边的疏林或灌丛中。

【地理分布】分布于云南省各地。安徽、福建、甘肃、广东、广西、贵州、海南、河北、河南、湖北、湖南、江苏、江西、宁夏、青海、陕西、山东、山西、四川、台湾、西藏和浙江等省（自治区）也有分布。国外主要分布于不丹、柬埔寨、印度、印度尼西亚、日本、韩国、老挝、马来西亚、新加坡、泰国和越南等国。

【主要价值】本种为五倍子蚜虫寄主植物，在幼枝和叶上形成虫瘿，即五倍子，可供鞣革、医药、塑料和墨水等工业之用。幼枝和叶可作土农药，种子可榨油，果泡水可代醋用。

【药典用途】

《贵州民族常用天然药物》："根：祛风湿，利水消肿，活血散毒。主治风湿痹痛，水肿，跌打肿痛等。"

【民间用途】

具有敛肺降火、涩肠止泻、敛汗、止血、收湿敛疮的功效。用于治疗肺虚久咳、肺热痰嗽、久泻久痢、自汗盗汗、便血痔血、外伤出血、痈肿疮毒、皮肤湿烂等症。

【化妆品原料】

中文名	淋洗类产品最高历史使用量（%）	驻留类产品最高历史使用量（%）
盐肤木（*Rhus semialata*）[1]虫瘿提取物	—	0.792
盐肤木（*Rhus semialata*）提取物	0.602	0.1

【化学成分研究】

主要结构类型：黄酮、三萜、多酚。

代表性成分及结构式[1]：

没食子酸（Gallic acid）、没食子酸甲酯（Methyl gallate）、漆黄素（Fisetin）、

[1] 盐肤木（*Rhus semialata*）是盐麸木（*Rhus chinensis*）的植物俗名与拉丁异名。

山奈酚（Kaempferol）、(–)– 落叶松脂醇（(–)–Lariciresinol）、β– 谷甾醇（β–Sitosterol）、白桦脂醇（Betulin）、白桦脂酸（Betulonic acid）、Rhuslaketone。

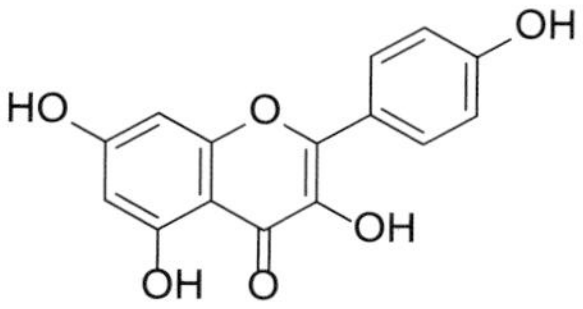

Kaempferol 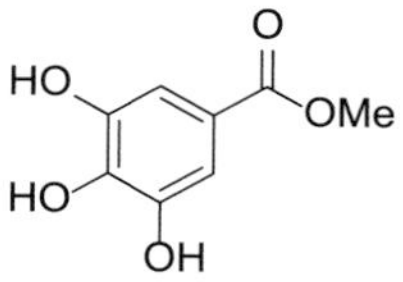 **Methyl gallate** 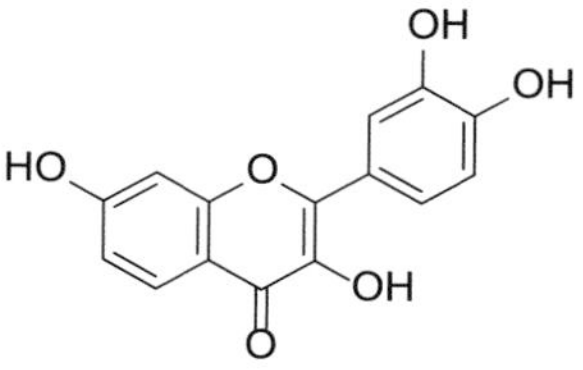 **Fisetin**

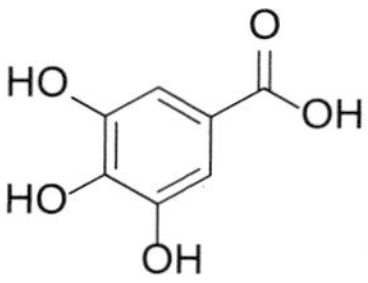

Gallic acid 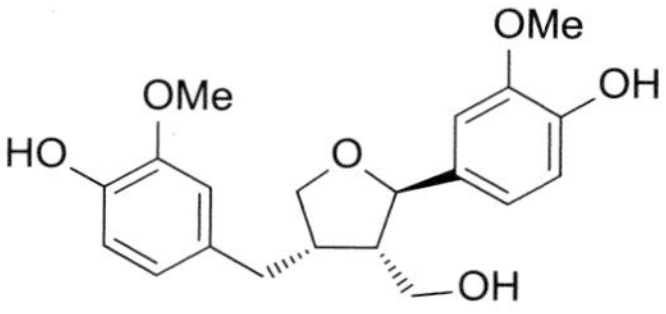 **(-)-Lariciresinol** 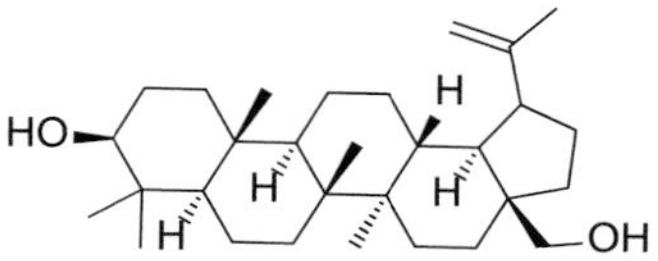 **Betulin**

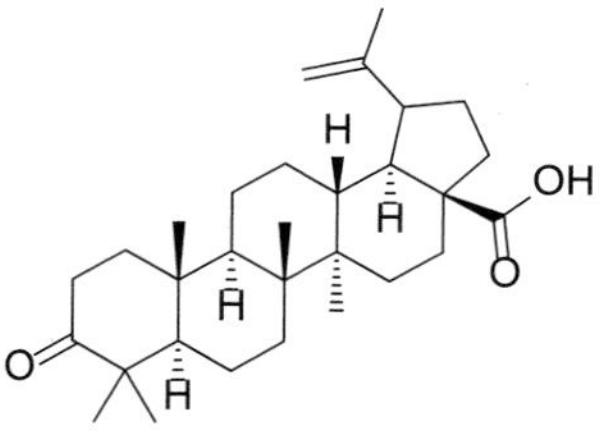

Betulonic acid 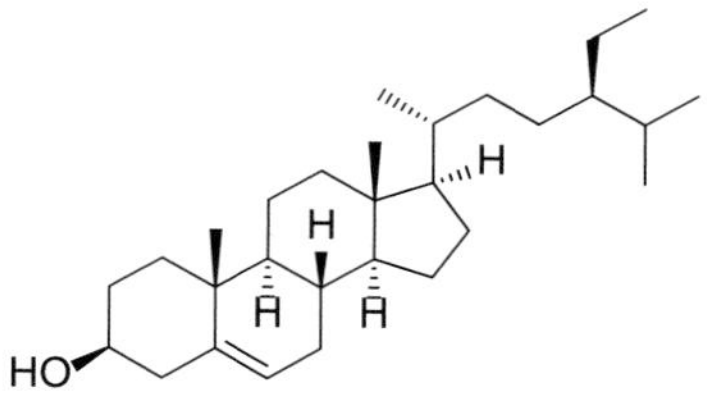 **β-Sitosterol** 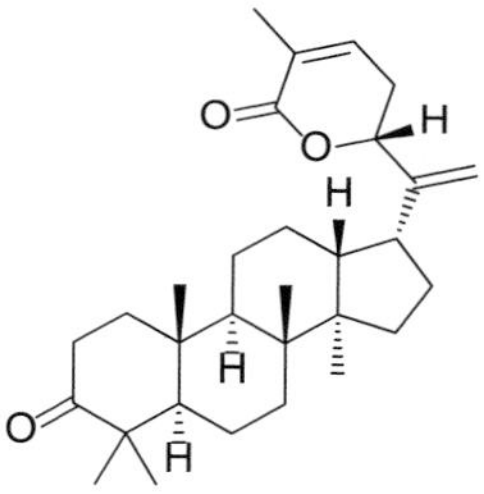 **Rhuslaketone**

【美白活性研究】

没食子酸（GA）具有很强的抗酪氨酸酶活性（IC_{50} =3.59 μmol/L），可有效抑制鼠酪氨酸酶和黑色素的生成量[2]。盐麸木果实具有较强的抗氧化活性，80% 甲醇、乙醇和丙酮提取物在 5.0 μg/mL 浓度下可清除 60% 以上的 DPPH 自由基，IC_{50} 值分别为（3.72 ± 0.19）μg/mL、（3.92 ± 0.22）μg/mL 和（3.64 ± 0.15）μg/mL[3]。盐肤木果的甲醇提取物和水提取物对酪氨酸酶有一定的抑制作用，其半数抑制浓度 IC_{50} 值分别为（862.7 ± 12.62）μg/mL（甲醇提取物）和（1026 ± 38）μg/mL（水提取物），而阳性对照曲酸的 IC_{50} 值为（27.04 ± 1.6）μg/mL[4]。

【参考文献】

[1] Wang G, Yu Y, Li ZM, et al. Triterpenoids of *Rhus chinensis* supressed colorectal cancer progress by enhancing antitumor immunity and CD8+T Cells tumor infiltration[J]. Nutrition and Cancer, 2022, 74(7): 2550–2564.

[2] 郭晓丹，宋京九，王东，等. 没食子酸及其衍生物的生理活性及研究现状[J]. 化学世界，2020, 61(09): 585–593.

[3] Zhang Y, Zhang YY, Yi JJ, et al. Phytochemical characteristics and biological activities of *Rhus chinensis* Mill.: a review[J]. Current Opinion in Food Science, 2022, 48: 100925.

[4] Singh TS, Kshetri P, Devi AK, et al. Bioactivity and nutritional quality of nutgall (*Rhus semialata* Murray), an underutilized fruit of Manipur[J]. Frontiers in Nutrition, 2023, 10: 1133576.

34. 猴面包树 *Adansonia digitata* L.

【科属】锦葵科 Malvaceae/ 猴面包树属 *Adansonia*

【别名】波巴布树、猢狲木、酸瓠树

【主要特征】落叶乔木。小叶通常 5 片，长圆状倒卵形，急尖，上面暗绿色发亮，无毛或背面被稀疏的星状柔毛，长 9~16 cm，宽 4~6 cm；叶柄长 10~20 cm。花生近枝顶叶腋，花梗长 60~100 cm，密被柔毛；花萼高 8~12 cm；花瓣外翻，宽倒卵形，白色，长 12.5~15 cm，宽 9~11 cm；雄蕊管白色，长约 7 cm；花丝极多数，向外反折成绒轮状；子房密被黄色的贴生柔毛；花柱远远超出雄蕊管，粗壮；柱头分裂为 7~10 肢。果长椭圆形，下垂，长 25~35 cm，粗 10~16 cm。

【花果期】花期 5—8 月，果期 10—12 月。

【生境】少量栽培。

【地理分布】西双版纳有栽培。福建和广东两省也有栽培。原产非洲热带。

【主要价值】未成熟果皮可食。

【药典用途】

具有养胃利胆、清热消肿、止血止泻和镇静安神的功效。

【民间用途】

猴面包树的果实、叶子和树皮均可入药，可用于治疗疟疾，具有养胃利胆、清热消肿、止血止泻和镇静安神的功效。

【化妆品原料】

中文名	淋洗类产品最高历史使用量（%）	驻留类产品最高历史使用量（%）
猴面包树（*Adansonia digitata*）果肉提取物	—	5.2
猴面包树（*Adansonia digitata*）果提取物	—	17.9
猴面包树（*Adansonia digitata*）叶提取物	—	0.54
猴面包树（*Adansonia digitata*）籽提取物	—	0.8164
猴面包树（*Adansonia digitata*）籽油	—	15

【化学成分研究】

主要结构类型：黄酮、有机酸、酚酸。

代表性成分及结构式[1-2]：

表儿茶素（(–)–Epicatechin）、槲皮素（Quercetin）、原花青素 B2（Procyanidin B2）、原花青素 B1（Procyanidin B1）、原花青素 A2（Procyanidin A2）、维生素 C（Vitamin C）、酒石酸（Tartaric acid）、柠檬酸（Citric acid）、咖啡酸（Caffeic acid）。

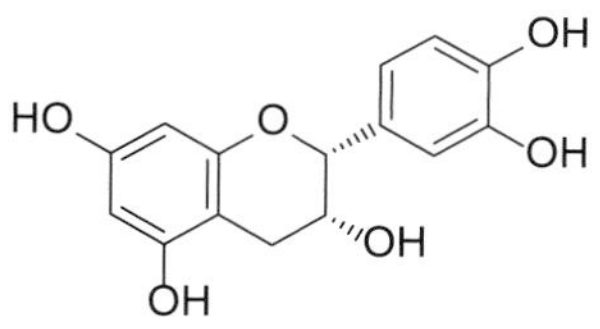

(-)-Epicatechin 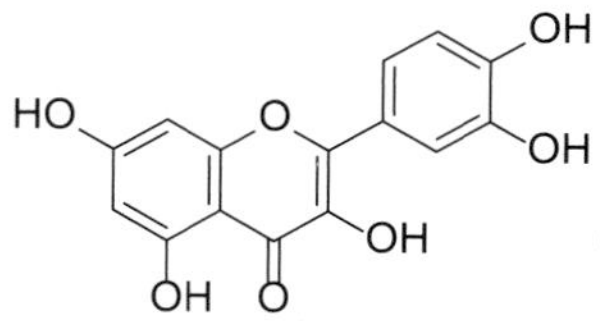　Quercetin 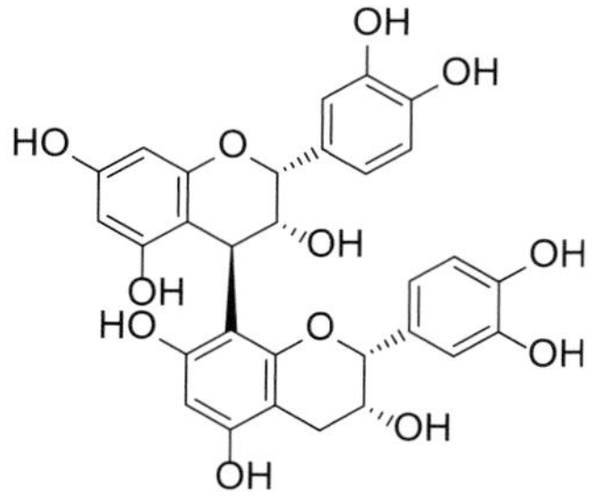　Procyanidin B2

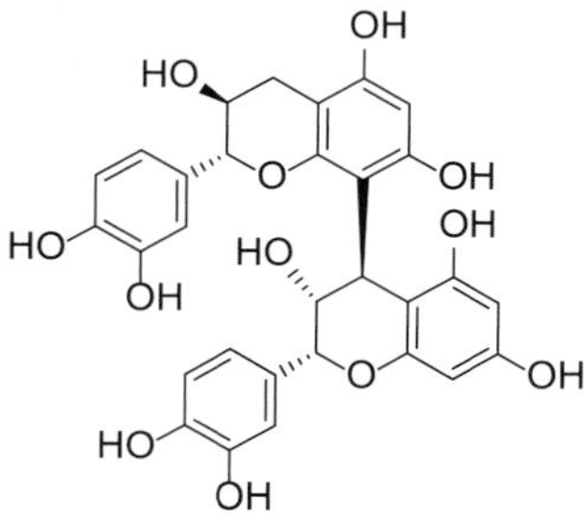

Procyanidin B1 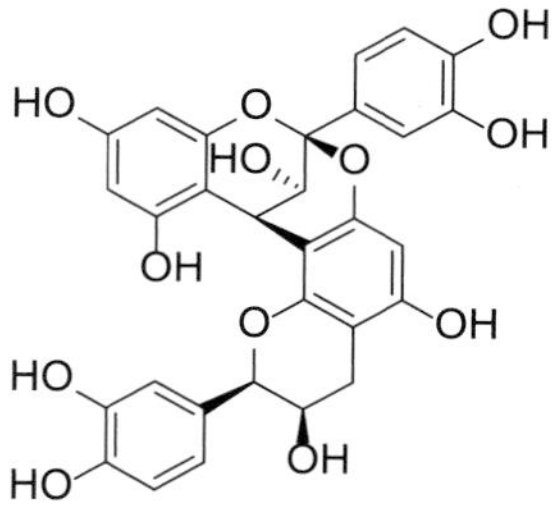　Procyanidin A2 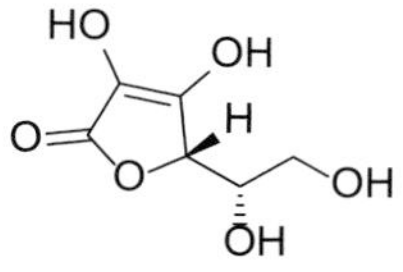　Vitamin C

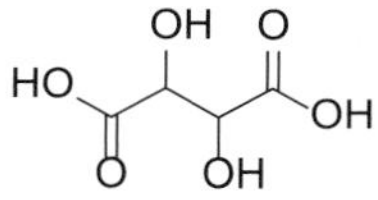

Tartaric acid 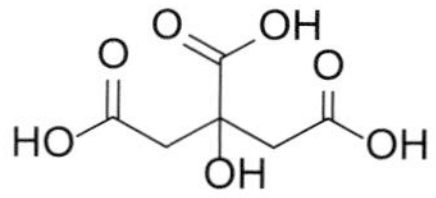　Citric acid 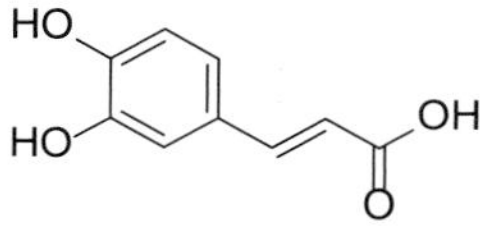　Caffeic acid

【美白活性研究】

研究表明，利用 VI 型供体重建的人色素表皮来评估猴面包树提取物对黑色素产生的影响，当施用 8 μL 猴面包树油 6 天时，能减少 20.62% 黑色素的生成[3]。猴面包树提取物以一定浓度的乙醇作为溶剂，采用浸渍、煎煮、微波等方式进行提取，提取物均具有一定的酪氨酸酶抑制作用，微波乙醇提取、浸渍 50% 乙醇提取、煎煮 50% 乙醇提取对酪氨酸酶的抑制活性分别为（99.02 ± 2.16）mg KAE/g、（98.22 ± 1.80）mg KAE/g 和（98.12 ± 1.49）mg KAE/g 提取物，不同提取方式的水提物均无酪氨酸酶抑制作用[4]，其中，KAE 表示曲酸当量。猴面包树果提取物具有一定的抗氧化能力，对 DPPH 和 ABTS 自由基清除的半数有效浓度

IC_{50} 值为（0.23 ± 0.01）mg/mL 和（1.87 ± 0.09）mmol/L[5]，叶甲醇提取物消除过氧基的效果是维生素 C 的 10.2 倍，能显著抑制 LPS 刺激的 Raw264.7 细胞的 iNOS 活性（IC_{50} = 28.6 μg/mL），其机制可能与清除过氧自由基，从而抑制 IκBα 介导的 NF-κB 信号转导有关[6]。因此，猴面包树提取物可通过抑制炎症、抗氧化等途径减轻肌肤暗沉程度。

【参考文献】

[1] Shahat AA. Procyanidins from *Adansonia digitata*[J]. Pharmaceutical biology, 2006, 44(6): 445–450.

[2] 刘扬，李宏杨，陈冠铭，等 . 猴面包树研究进展 [J]. 热带农业科学，2018, 38(08): 50–55.

[3] Zeitoun H, Michael - Jubeli R, Khoury ER, et al. Skin lightening effect of natural extracts coming from Senegal botanical biodiversity[J]. International Journal of Dermatology, 2020, 59(2): 178–183.

[4] Hussain ZTE, Yagi S, Mahomoodally MF, et al. A comparative study of different solvents and extraction techniques on the anti–oxidant and enzyme inhibitory activities of *Adansonia digitata* L. (Baobab) fruit pulp[J]. South African Journal of Botany, 2019, 126: 207–213.

[5] Braca A, Sinisgalli C, De–Leo M, et al. Phytochemical profile, antioxidant and antidiabetic activities of *Adansonia digitata* L. (Baobab) from mali, as a source of health–promoting compounds[J]. Molecules, 2018, 23(12): 3104.

[6] Ayele Y, Kim JA, Park E, et al. A methanol extract of *Adansonia digitata* L. leaves inhibits pro–inflammatory iNOS possibly via the inhibition of NF–κB activation[J]. Biomolecules & Therapeutics, 2013, 21(2): 146–152.

35. 旱金莲 *Tropaeolum majus* L.

【科属】旱金莲科 Tropaeolaceae/ 旱金莲属 *Tropaeolum*

【别名】旱莲花、荷叶七

【主要特征】一年生肉质草本。叶互生；叶柄长 6~31 cm，向上扭曲，盾状，着生于叶片的近中心处；叶片圆形，直径 3~10 cm，有主脉 9 条，由叶柄着生处向四面放射，边缘为波浪形的浅缺刻，背面通常被疏毛或有乳凸点。单花腋生，花柄长 6~13 cm；花黄色、紫色、橘红色或杂色，直径 2.5~6 cm；花托杯状；萼片 5 片，长椭圆状披针形，长 1.5~2 cm，宽 5~7 mm，基部合生，边缘膜质，其中一片延长成一长距，距长 2.5~3.5 cm，渐尖；花瓣 5 片，通常圆形，边缘有缺刻，上部 2 片通常全缘，长 2.5~5 cm，宽 1~1.8 cm，着生在距的开口处，下部 3 片基部狭窄成爪，近爪处边缘具睫毛；雄蕊 8 枚，长短互间，分离；子房 3 室，花柱 1 枚，柱头 3 裂，线形。果扁球形，成熟时分裂成 3 个具一粒种子的瘦果。

【花果期】花期 6—10 月，果期 7—11 月。

【生境】栽培。

【地理分布】昆明及各地栽培，也有逸生。四川和西藏两省（自治区）也有分布。原产于南美洲。

【主要价值】作观赏植物。

【药典用途】

《全国中草药汇编》：“清热解毒。用于眼结膜炎，痈疖肿毒。”

【民间用途】

可用于治疗慢性扁桃体炎、急性中耳炎、急性鼓膜炎等症。花入药，可清热解毒，止血，消炎。

【化妆品原料】

中文名	淋洗类产品最高历史使用量（%）	驻留类产品最高历史使用量（%）
旱金莲（*Tropaeolum majus*）花/叶/茎提取物	0.1295	0.0855
旱金莲（*Tropaeolum majus*）花提取物	—	5
旱金莲（*Tropaeolum majus*）提取物	3	2.381

【化学成分研究】

主要结构类型：苯丙素、黄酮、类胡萝卜素。

代表性成分及结构式[1-2]：

硫氰酸苄酯（Benzyl thiocyanate）、异硫氰酸苄酯（Benzyl isothiocyanate）、花青素（Cyanidin chloride）、绿原酸（Chlorogenic acid）、异槲皮苷（Isoquercitrin）、α- 胡萝卜素（α-Carotene）。

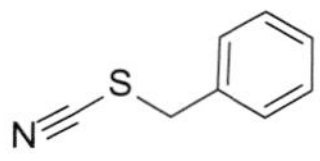

Benzyl thiocyanate 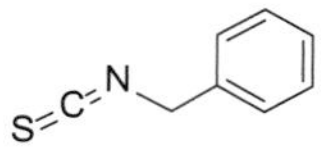　Benzyl isothiocyanate 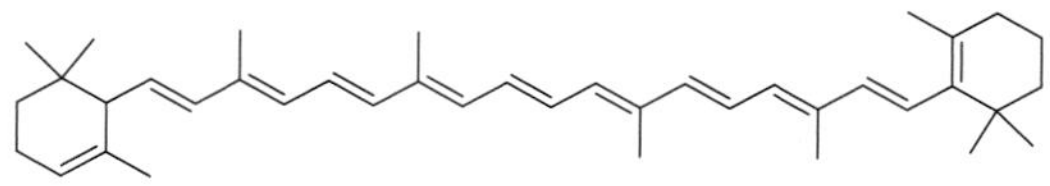　α-Carotene

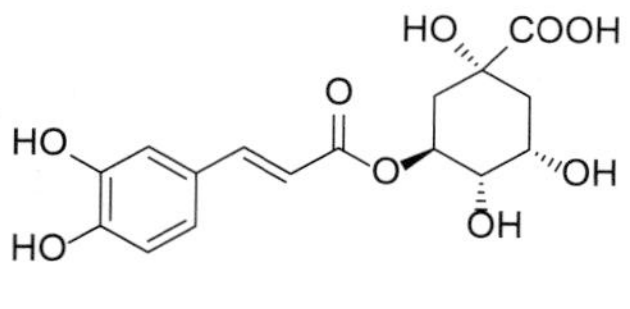

Chlorogenic acid 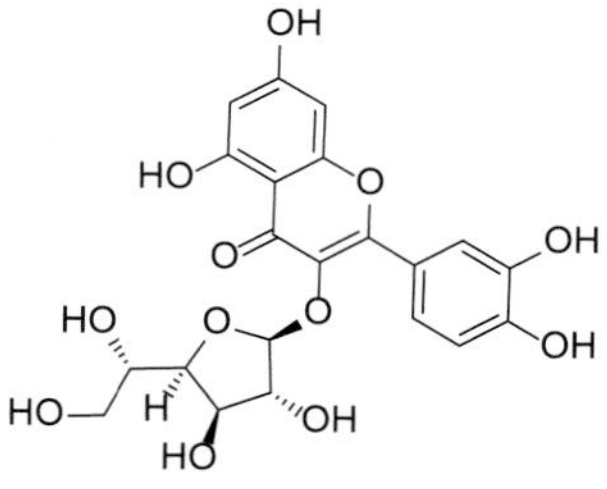　Isoquercitrin 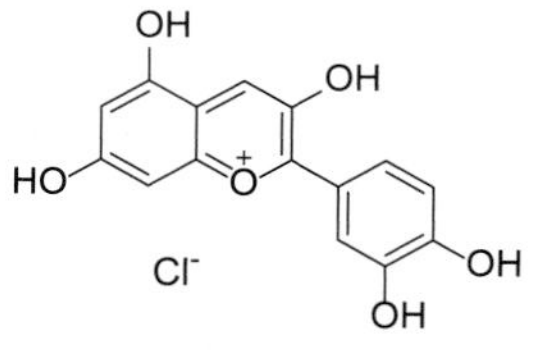　Cyanidin chloride

【美白活性研究】

旱金莲提取物在 10 μg/mL 浓度下，鼠 B16 黑素细胞存活率> 90%，对酪氨酸酶和 B16 细胞黑色素生成抑制率分别为（23.16 ± 5.24）% 和（18.54 ± 3.93）%[3]。

【参考文献】

[1] Litchfield C. *Tropaeolum speciosum* seed fat: a rich source of cis-15-tetracosenoic and cis-17-hexacosenoic acids[J]. Lipids, 1970, 5(1): 144-146.

[2] 侯晓艺 , 高昂 , 巩江 , 等 . 旱金莲药学研究概况 [J]. 辽宁中医药大学学报 , 2011, 13(04): 67-68.

[3] 马晶波 , 黄岚 , 冯淑芳 , 等 . 旱金莲提取物祛斑作用的实验研究 [J]. 上海中医药杂志 , 2003, 37(05): 56-58.

36. 番木瓜 *Carica papaya* L.

【科属】番木瓜科 Caricaceae/ 番木瓜属 *Carica*

【别名】树冬瓜、满山抛、番瓜、万寿果、木瓜

【主要特征】常绿小乔木。具乳汁。叶近盾形，通常 5~9 深裂，每裂片再为羽状分裂。花单性或两性。植株有雄株、雌株和两性株。雄花：排列成圆锥花序，长达 1m，下垂；花无梗；萼片基部联合；花冠乳黄色，冠管细管状，长 1.6~2.5 cm，花冠裂片 5 片，披针形，长约 1.8 cm，宽 4.5 mm；雄蕊 10 枚，5 枚长的 5 枚短的，短的几无花丝，长的花丝白色，被白色绒毛；子房退化。雌花：单生或由数朵排列成伞房花序，着生叶腋内，具短梗或近无梗，萼片 5 片，长约 1 cm，中部以下合生；花冠裂片 5 片，分离，乳黄色或黄白色，长圆形或

披针形，长 5~6.2 cm，宽 1.2~2 cm；子房上位，卵球形，无柄，花柱 5 枚，柱头数裂，近流苏状。两性花：雄蕊 5 枚，着生于近子房基部极短的花冠管上，或 10 枚，着生于较长的花冠管上，排列成 2 轮，冠管长 1.9~2.5 cm；花冠裂片长圆形，长约 2.8 cm，宽 9 mm，子房比雌株子房较小。浆果肉质，成熟时橙黄色或黄色，长圆球形、倒卵状长圆球形、梨形或近圆球形，长 10~30 cm 或更长，果肉柔软多汁，味香甜；种子多数，卵球形，成熟时黑色，外种皮肉质，内种皮木质，具皱纹。

【花果期】花果期全年。

【生境】栽培。

【地理分布】栽培于滇西、滇南和金沙江等热区或干热河谷以及坝区。南方其他各省（自治区）也有栽培。原产于中美洲，在世界热带地区广泛引种和栽培。

【主要价值】果实可作蔬菜、水果，种子可榨油。

【药典用途】

具有平肝舒筋、和胃化湿的功效。用于治疗湿痹拘挛、腰膝关节酸重疼痛、吐泻转筋、脚气水肿等症。

【民间用途】

果和叶均可药用。可除湿痹，通经络，消食止痛，行水利湿，消暑解渴，润肺止咳。果实成熟可作水果，未成熟的果实可作蔬菜煮熟食或腌食。青果乳汁可被加工成番木瓜蛋白酶。青果中含果胶可制木瓜果胶代血浆。

【化妆品原料】

中文名	淋洗类产品最高历史使用量（%）	驻留类产品最高历史使用量（%）
番木瓜（*Carica papaya*）果	1	0.00225
番木瓜（*Carica papaya*）果水	0.985	0.01
番木瓜（*Carica papaya*）果提取物	—	30
番木瓜（*Carica papaya*）果汁	0.374	—

待续

续表

中文名	淋洗类产品最高历史使用量（%）	驻留类产品最高历史使用量（%）
番木瓜（*Carica papaya*）提取物	—	0.45
番木瓜（*Carica papaya*）叶提取物	0.5	0.3
番木瓜（*Carica papaya*）籽油	—	2.2

【化学成分研究】

主要结构类型：木瓜蛋白酶、生物碱、类胡萝卜素、多糖、有机酸、香豆素。

代表性成分及结构式[1]：

番木瓜碱（Carpaine）、隐黄质（Cryptoxanthin）、假番木瓜碱（Pseudocarpaine）、紫黄质（Violaxanthin）、番茄红素（Lycopene）、没食子酸甲酯（Methyl gallate）、芦丁（Rutin）、5,7–二甲氧基香豆素（5,7–Dimethoxycoumarin）。

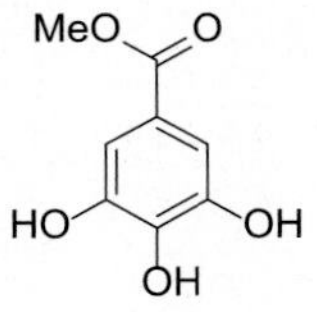

Methyl gallate 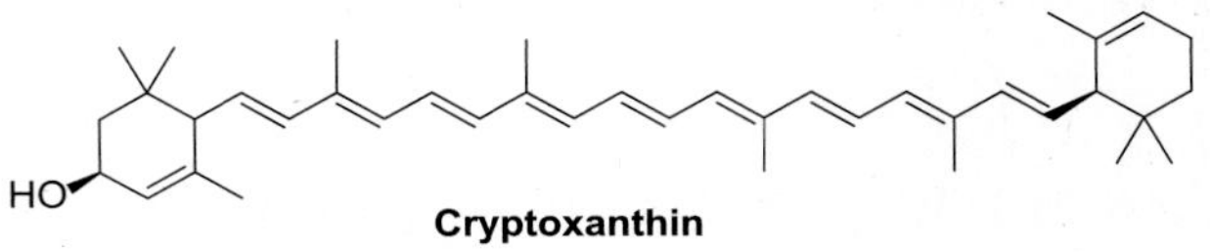　**Cryptoxanthin** 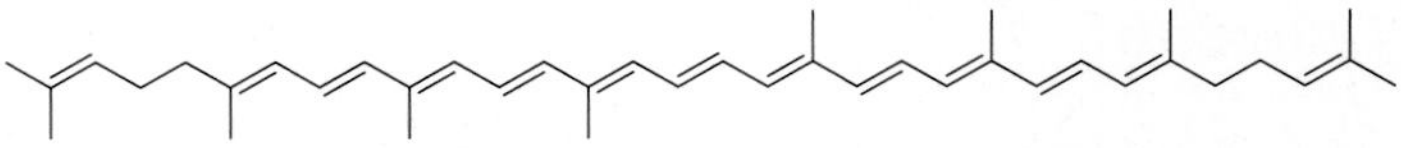　**Lycopene**

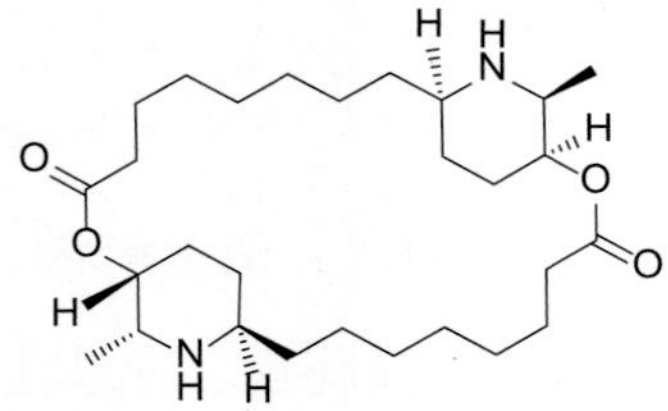

Pseudocarpaine 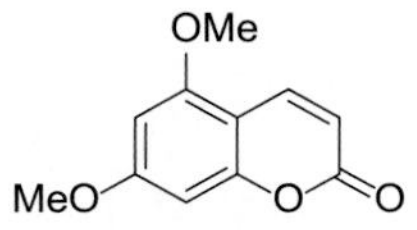　**5, 7-Dimethoxycoumarin** 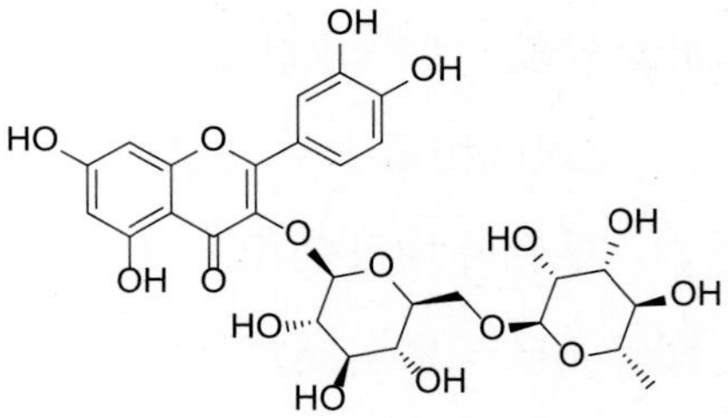　**Rutin**

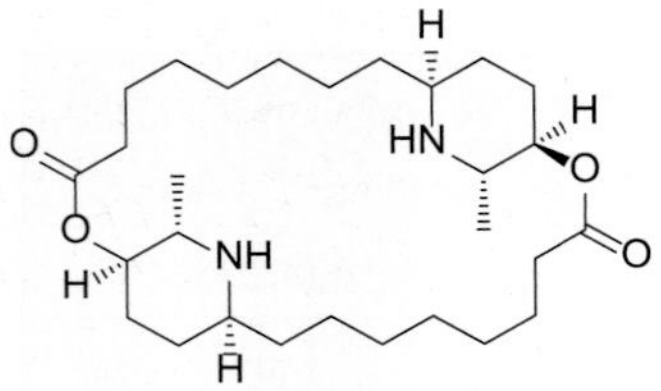

Carpaine 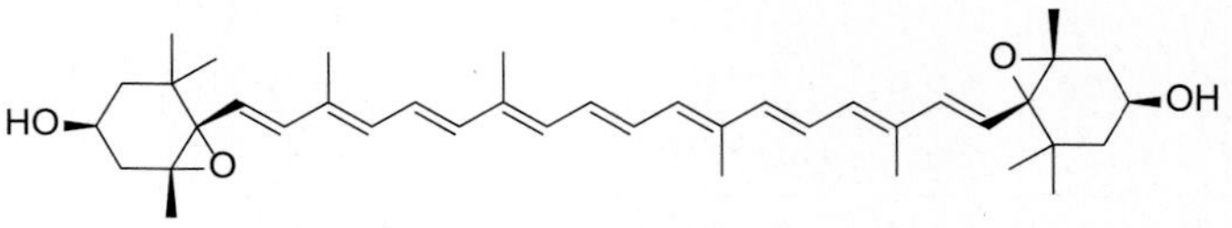　**Violaxanthin**

【美白活性研究】

番木瓜皮提取物质量浓度为 0.8 mg/mL 时，对 DPPH 自由基清除率为（94.79 ± 0.10）%；浓度为 0.2 mg/mL 时，对 ABTS 自由基的清除率为（93.27 ± 0.23）%[2]；番木瓜皮提取物浓度为 10.0 mg/mL，对 L-Tyr 为底物的酪氨酸酶的抑制率为（83.33 ± 6.80）%[2]。

从番木瓜花中分离得到的化合物 caricapapayol、落叶松树脂醇（lariciresinol）和 1-benzyl-5-（hydroxymethyl）-1H-pyrrole-2-carbaldehyde 对酪氨酸酶的半数抑制浓度 IC_{50} 值分别为（14.3 ± 2.7）μmol/L、（19.8 ± 3.0）μmol/L 和（25.5 ± 1.9）μmol/L，阳性对照曲酸 IC_{50} 值为（11.3 ± 1.6）μmol/L[3]。含有番木瓜叶提取物的混合制剂在提取溶剂为 70% 的乙醇时，各项体外测试结果显示最佳。其中，混合物浓度为 2.0 mg/mL 时，对酪氨酸酶抑制率为 33.7%。对胶原酶活性抑制率为 58.1%，对弹性蛋白酶活性抑制率为 48.6%[4]。此外，在 UVB 照射正常人真皮成纤维细胞实验中，番木瓜叶提取物可清除活性氧，显著抑制 UVB 诱导的丝裂原活化蛋白激酶（MAPKs）和激活蛋白 -1（AP-1）信号通路的激活，正性调节转化生长因子 -*β*1（TGF-*β*1）活性和负性调节基质金属蛋白酶（MMPs）表达来阻止 I 型前胶原的降解 [5]。

【参考文献】

[1] Hariyono P, Patramurti C, Candrasari DS, et al. An integrated virtual screening of compounds from *Carica papaya* leaves against multiple protein targets of SARS-Coronavirus-2[J]. Results in Chemistry, 2021, 3: 100113.

[2] 裴文清 , 吕泸楠 , 王靖宇 , 等 . 木瓜皮多酚和黄酮提取工艺优化及酪氨酸酶与胰脂肪酶抑制活性研究 [J]. 食品工业科技 , 2022, 43(01): 188-195.

[3] Lien GTK, Van DTT, Cuong DH, et al. A new phenolic constituent from *Carica papaya* flowers and its tyrosinase inhibitory activity[J]. Natural Product Communications, 2019, 14(7).

[4] Choi M. Anti-aging effects of *Terminalia bellirica, Phyllanthus emblica,*

Triphala, and *Carica papaya* extracts for sustainable youth[J]. Sustainability, 2022, 14(2): 676.

[5] Seo SA, Ngo HTT, Hwang E, et al. Protective effects of *Carica papaya* leaf against skin photodamage by blocking production of matrix metalloproteinases and collagen degradation in UVB–irradiated normal human dermal fibroblasts[J]. South African Journal of Botany, 2020, 131: 398–405.

37. 头花蓼 *Persicaria capitata* (Buch.–Ham. ex D. Don) H. Gross

【科属】蓼科 Polygonaceae/ 蓼属 *Persicaria*

【别名】草石椒、太阳花、酸酱草

【主要特征】多年生草本。茎匍匐，丛生，基部木质化，节部生根，节间比叶片短，多分枝，疏生腺毛或近无毛，一年生枝近直立，具纵棱，疏生腺毛。叶卵形或椭圆形，长 1.5~3 cm，宽 1~2.5 cm，顶端尖，基部楔形，全缘，边缘具腺毛。两面疏生腺毛，上面有时具黑褐色新月形斑点；叶柄长 2~3 mm，基部有时具叶耳；托叶鞘筒状，膜质，长 5~8 mm，松散，具腺毛，顶端截形。有缘毛。花序头状，直径 6~10 mm，单生或成对、顶生；花序梗具腺毛；苞片长卵形，膜质；花梗极短；花被5深裂，淡红色，花被片椭圆形，长2~3 mm；雄蕊8枚，比花被短；花柱3枚，中下部合生，与花被近等长；柱头头状。瘦果长卵形，具3棱，长1.5~2 mm，黑褐色，密生小点，微有光泽。

【花果期】花期6—9月，果期8—10月。

【生境】常成片生长于海拔600~3500m的山坡、山谷湿地。

【地理分布】云南省各地基本均有产，野生或种植。广东、广西、贵州、湖北、湖南、江西、四川、台湾、西藏等省（自治区）也有分布。国外主要分布于不丹、印度、马来西亚、缅甸、尼泊尔、斯里兰卡、泰国和越南等国。

【主要价值】全草药用。

【药典用途】

《贵州省中药材、民族药材质量标准》："清热利湿、解毒止痛、活血散瘀、利尿通淋。"

【民间用途】

民族民间医药类书籍记载，其常用于治疗泌尿系统感染、尿路结石、跌打损伤、肾盂肾炎、痢疾、血尿、膀胱炎、风湿病、尿布疹、黄水疮、烂疮、蛔虫病等疾症。

【化妆品原料】

中文名	淋洗类产品最高历史使用量（%）	驻留类产品最高历史使用量（%）
头花蓼（*Polygonum capitatum*）[1]提取物	—	—

【化学成分研究】

主要结构类型：黄酮、酚酸、木脂素、萜、有机酸。

代表性成分及结构式：

山柰酚（Kaempferol）、槲皮素（Quercetin）、没食子酸（Gallic acid）、异落叶松脂素9'-β-D-吡喃木糖苷（Schizandriside）、蓝桉醇（Globulol）、龙胆

[1] *Polygonum capitatum* 是头花蓼（*Persicaria capitata*）的拉丁异名。

酸（Gentisuric acid）、*β*– 谷甾醇（*β*–Sitosterol）、3*β*– 羟基 –1– 氧 – 齐墩果 –12– 烯 –28– 酸（3*β*–Hydroxy–olea–12–en–28–oic acid）、齐墩果酸（Oleanolic acid）。

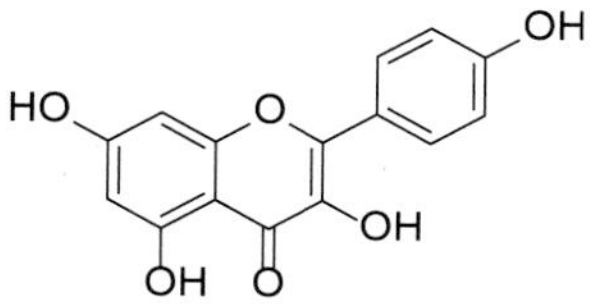

Kaempferol 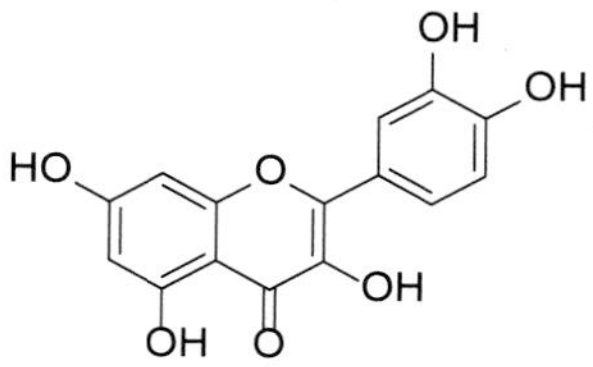　**Quercetin** 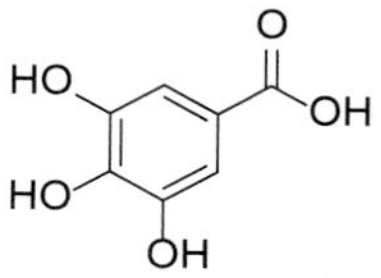　**Gallic acid**

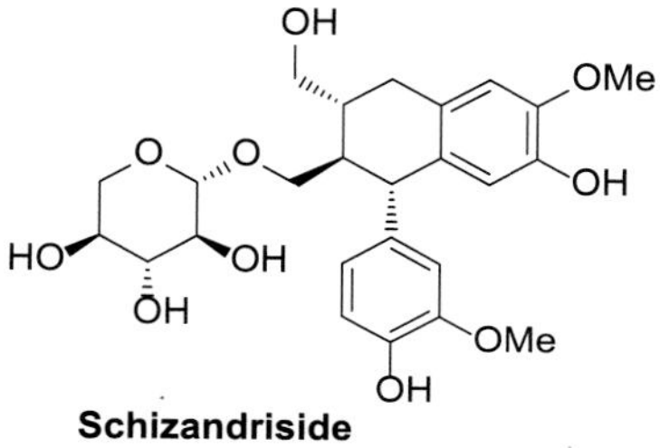

Schizandriside 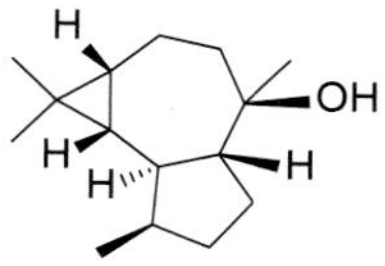　**Globulol** 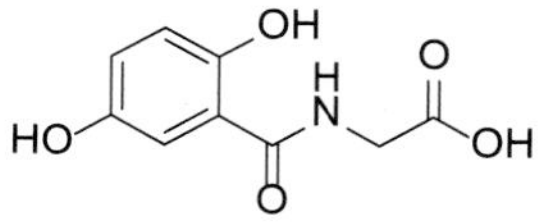　**Gentisuric acid**

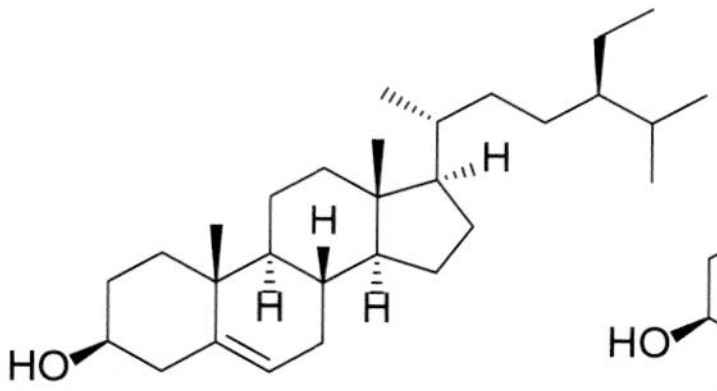

***β*-Sitosterol** 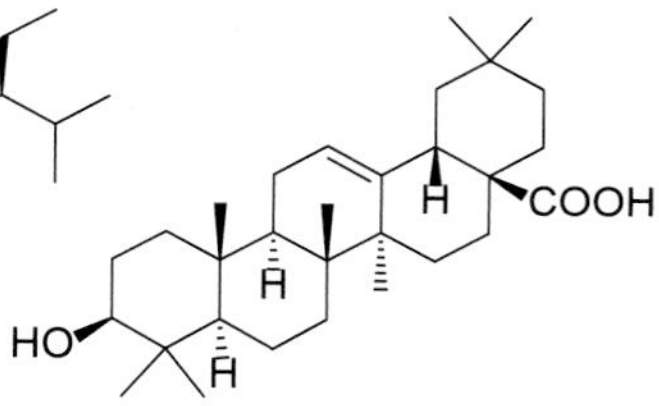　**3*β*-Hydroxy-olea-12-en-28-oic acid** 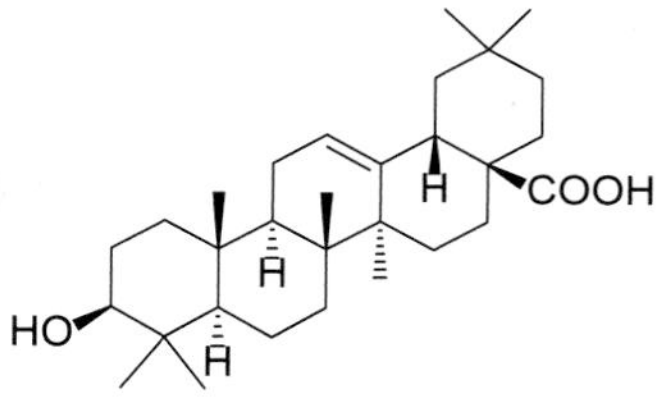　**Oleanolic acid**

【美白活性研究】

头花蓼有较好的体外抗氧化活性，其甲醇提取物具有很强的清除 DPPH 自由基、ABTS 自由基及还原 Fe^{3+} 的能力，总抗氧化能力远远超过 BHT 的作用[1]。乙酸乙酯提取物浓度为 10 mg/L 时，对 DPPH 的清除率为 90%~99%[2]。头花蓼水提物经过醇沉后，采用分光光度法测定总黄酮、总酚含量，高效液相色谱法测定没食子酸的含量，对抗氧化活性进行测定，结果表明活性成分明显富集，抗氧化活性也明显增强[3]。

【参考文献】

[1] 吕炎晞，王隶书，程东岩，等．中药头花蓼的化学成分和药理作用研究概

况 [J]. 中国药师 , 2017, 20(10): 1849–1853.

[2] 陈涛 , 何磊 , 林燕 . 头花蓼不同提取物的抗氧化、抗炎及抗菌活性 [J]. 贵州医科大学学报 , 2023, 48(01): 43–47+62.

[3] 何韩娇 , 隋怡 , 赵红霞 , 等 . 头花蓼总黄酮的提取工艺及药理作用研究进展 [J]. 贵州中医药大学学报 , 2020, 42(05): 84–87.

38. 虎杖 *Reynoutria japonica* Houtt.

【科属】蓼科 Polygonaceae/ 虎杖属 *Reynoutria*

【别名】斑庄根、大接骨、酸桶芦、酸筒杆

【主要特征】多年生草本。根状茎粗壮，横走。茎直立，高 1~2m，粗壮，空心，具明显的纵棱，具小突起，无毛，散生红色或紫红斑点。叶宽卵形或卵状椭圆形，长 5~12 cm，宽 4~9 cm，近革质，顶端渐尖，基部宽楔形、截形或近圆形，边缘全缘，疏生小突起，两面无毛，沿叶脉具小突起；叶柄长 1~2 cm，具小突起；托叶鞘膜质，偏斜，长 3~5 mm，褐色，具纵脉，无毛，顶端截形，无缘毛，常破裂，早落。花单性，雌雄异株，花序圆锥状，长 3~8 cm，腋生；苞片漏斗状，长 1.5~2 mm，顶端渐尖，无缘毛，每苞内具 2~4 花；花梗长 2~4 mm，中下部具关节；花被5深裂，淡绿色，雄花花被片具绿色中脉，无翅，雄蕊8枚，比花被长；雌花花被片外面3片背部具翅，果时增大，翅扩展下延，花柱3枚，柱头流苏状。瘦果卵形，具3棱，长4~5 mm，黑褐色，有光泽，包于宿存花被内。

【花果期】花期8—9月，果期9—10月。

【生境】生长于海拔100~2000 m的山坡灌丛、山谷、路旁、田边湿地上。

【地理分布】分布于永善、威信、昭通、峨山、西畴、屏边、金平等地。安徽、福建、甘肃、广东、广西、贵州、海南、河南、湖北、湖南、江苏、江西、陕西、山东、四川、台湾和浙江等省（自治区）也有分布。国外主要分布于日本、韩国、俄罗斯等国。

【主要价值】根状茎供药用。

【药典用途】

具有利湿退黄、清热解毒、散瘀止痛、止咳化痰的功效。用于治疗湿热黄疸、淋浊、带下、风湿痹痛、痈肿疮毒、水火烫伤、经闭、症瘕、跌打损伤、肺热咳嗽症等。

【民间用途】

可止痛、改善腹泻，并用于治疗咳嗽、黄疸、炎症、闭经、烧伤和高脂血等症。

【化妆品原料】

中文名	淋洗类产品最高历史使用量（%）	驻留类产品最高历史使用量（%）
虎杖（*Polygonum cuspidatum*）[1]根提取物	—	4.4276
虎杖（*Polygonum cuspidatum*）提取物	1.196	0.375

【化学成分研究】

主要结构类型：醌、二苯乙烯、黄酮、苯丙素、甾体、萜。

[1] *Polygonum cuspidatum* 是 虎杖（*Reynoutria japonica*）的拉丁异名。

代表性成分及结构式：

大黄素甲醚-8-O-β-D-葡萄糖苷（Anthraglycoside A）、虎杖苷（Polydatin）、绿原酸（Chlorogenic acid）、咖啡酸（Caffeic acid）、β-谷甾醇（β-Sitosterol）、齐墩果酸（Oleanolic acid）、决明柯酮（Torachrysone）、槲皮素（Quercetin）、橙皮素（Hesperetin）。

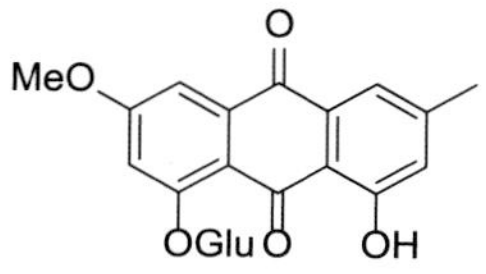

Anthraglycoside A 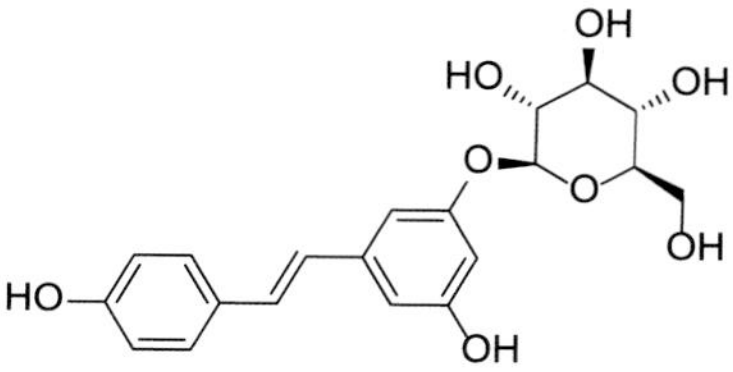　Polydatin 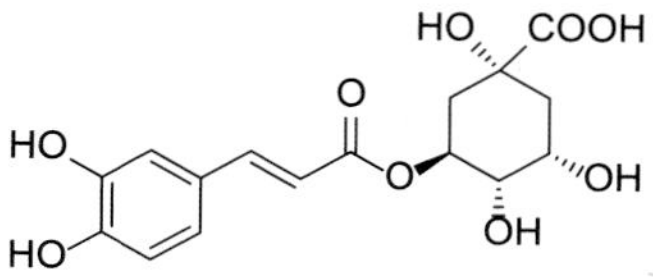　Chlorogenic acid

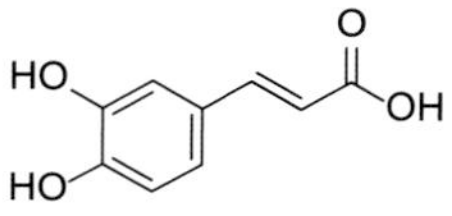

Caffeic acid 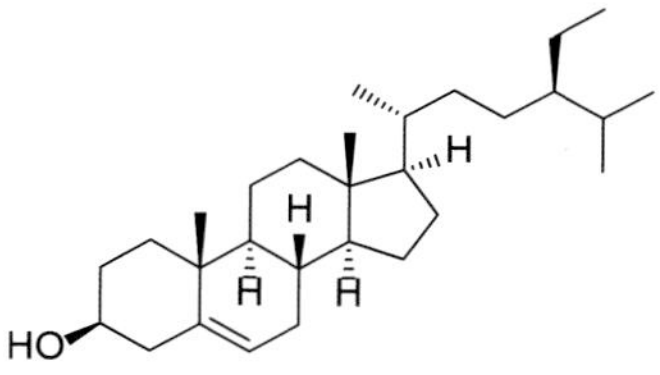　β-Sitosterol 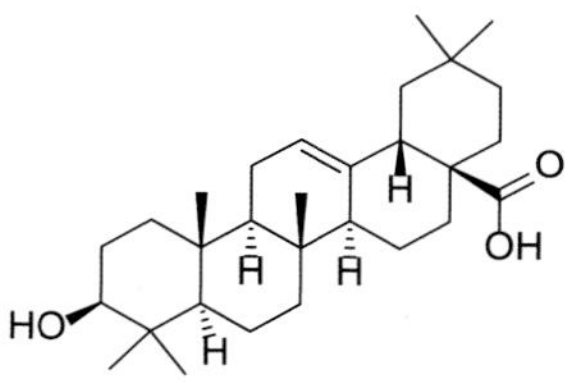　Oleanolic acid

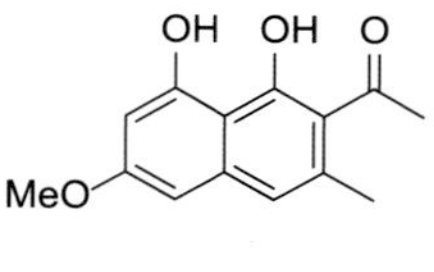

Torachrysone 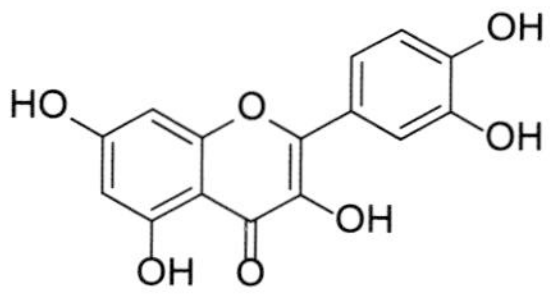　Quercetin 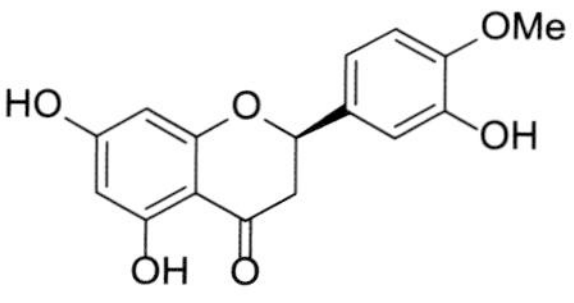　Hesperetin

【美白活性研究】

虎杖粗提物在 0.1 mg/mL 的浓度下黑色素细胞增值率为（83.6 ± 14.3）%；浓度为 0.5 mg/mL 时，黑色素细胞增值率为（42.8 ± 5.4）%；在 1 mg/mL 的高浓度时，黑色素细胞增值率为（28.4 ± 4.0）%[1]，表明虎杖提取物浓度增加对黑色素细胞增殖具有抑制作用；虎杖醇提物对超氧阴离子自由基、羟自由基和过氧化氢均具有良好的清除作用，IC_{50} 值分别为 0.82 mg/mL、0.39 mg/mL 和 0.0089 mg/mL，均优于对照品 Vc 乙基醚；对多酚氧化酶活性抑制作用与浓度呈量效关系，IC_{50} 值为 0.14 mg/mL，优于对照品熊果苷[2]。虎杖醇提物可以通过提高细胞内 SOD 酶活性对自由基进行有效清除，用于护肤品中可有效抗氧化[3]。

另有研究表明，虎杖粗提物在 0.1 mg/mL 浓度下，酪氨酸酶抑制率为（55.81 ± 6.05）%；粗提物在 0.025 mg/mL 浓度下，对 B16 细胞内酪氨酸酶活性抑制率为（27.29 ± 5.49）%[4]。此外，虎杖中含有的白藜芦醇是有效的黑色素抑制剂，其对 B16 细胞内酪氨酸酶的半数抑制浓度 IC_{50} 值为 26.48 μmol/L[5]。

【参考文献】

[1] 张目 , 严泽民 , 朱少娟 , 等 . 几种中药的美白作用研究 [J]. 香料香精化妆品 , 2009, 01: 33–36.

[2] 郭蕊 , 刘吉华 , 余伯阳 . 虎杖醇提物抗氧化及抑制多酚氧化酶作用研究 [J]. 南京师大学报（自然科学版）, 2011, 34(04): 111–115.

[3] 杜可欣 , 蒋一博 , 陈军 , 等 . 虎杖及多种植物提取物的抗氧化功效研究 [J]. 口腔护理用品工业 , 2022, 32(05): 46–49.

[4] 赵珍 , 王瑞雪 , 钟雁 , 等 . 松茸及多种植物提取物的美白功效研究 [J]. 世界临床药物 , 2014, 35(09): 533–537.

[5] Zeng HJ, Li QY, Ma J, et al. A comparative study on the effects of resveratrol and oxyresveratrol against tyrosinase activity and their inhibitory mechanism[J]. Spectrochimica Acta Part A: Molecular and Biomolecular Spectroscopy, 2021, 251: 119405.

39. 青葙 *Celosia argentea* L.

【科属】苋科 Amaranthaceae/ 青葙属 *Celosia*

【别名】狗尾草、百日红、鸡冠花、野鸡冠花、指天笔、海南青葙

【主要特征】一年生草本。茎直立，有分枝，绿色或红色，具显明条纹。叶片矩圆披针形、披针形或披针状条形，少数卵状矩圆形，长 5~8 cm，宽 1~3 cm，绿色常带红色，顶端急尖或渐尖，具小芒尖，基部渐狭；叶柄长 2~15 mm，或无叶柄。花多数，密生，在茎端或枝端成单一、无分枝的塔状或圆柱状穗状花序，长 3~10 cm；苞片及小苞片披针形，长 3~4 mm，白色，光亮，顶端渐尖，延长成细芒，具 1 中脉，在背部隆起；花被片矩圆状披针形，长 6~10 mm，初为白色顶端带红色，或全部粉红色，后成白色，顶端渐尖，具 1 中脉，在背面

凸起，花丝长 5~6 mm，分离部分长约 2.5~3 mm，花药紫色；子房有短柄，花柱紫色，长 3~5 mm。胞果卵形，长 3~3.5 mm，包裹在宿存花被片内。种子凸透镜状肾形，直径约 1.5 mm。

【花果期】花期 5—8 月，果期 6—10 月。

【生境】生长于海拔 1 100 m 及以下的平原、田边、丘陵、山坡上。野生或栽培。

【地理分布】分布于景洪、勐海、勐腊、普洱、景东、元阳、绿春、沧源、耿马、临沧、金平、河口、蒙自、大关、盐津、绥江等地。安徽、福建、甘肃、广东、广西、贵州、海南、湖北、黑龙江、河南、湖北、湖南、江苏、吉林、辽宁、内蒙古、宁夏、青海、陕西、山东、山西、四川、台湾、新疆、西藏和浙江等省（自治区）也有分布。国外主要分布于不丹、柬埔寨、日本、韩国、印度、老挝、马来西亚、缅甸、尼泊尔、菲律宾、俄罗斯、泰国、越南和热带非洲等国。

【主要价值】作观赏植物，种子可入药，嫩茎可食用；全株作饲料。

【药典用途】

具有清肝泻火、明目退翳的功效。用于治疗肝热目赤、目生翳膜、视物昏花、肝火眩晕等症。

【民间用途】

可清肝明目、利湿退黄、调补“四塔”、养容颜、清热燥湿、止血、杀虫。用于治疗黄疸型肝炎、腹痛腹泻、风湿关节疼痛、月经不调、产后气血虚亏、形体消瘦、早衰、毛发早白等症。

【化妆品原料】

中文名	淋洗类产品最高历史使用量（%）	驻留类产品最高历史使用量（%）
青葙（*Celosia argentea*）籽提取物	—	—

【化学成分研究】

主要结构类型：萜、甾醇、黄酮、环肽、苯丙素糖苷、酚酸。

代表性成分及结构式[1-2]：

齐墩果酸（Oleanolic acid）、豆甾醇（Stigmasterol）、槲皮素（Quercetin）、橙皮苷（Hesperidin）、Celogentin A、柑橘素 C（Citrusin C）、原儿茶酸（Protocatechuic acid）、芹菜素（Apigenin）、山柰酚（Kaempferol）。

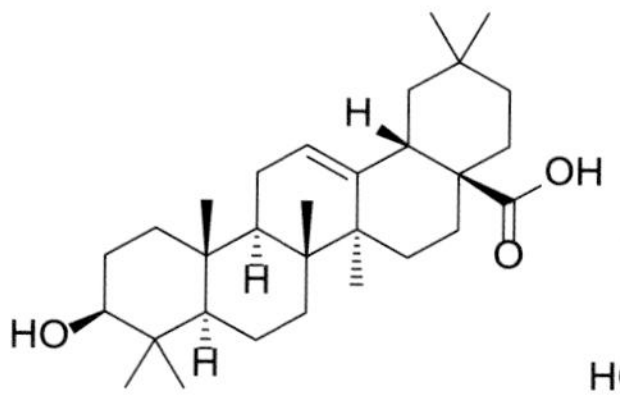

Oleanolic acid 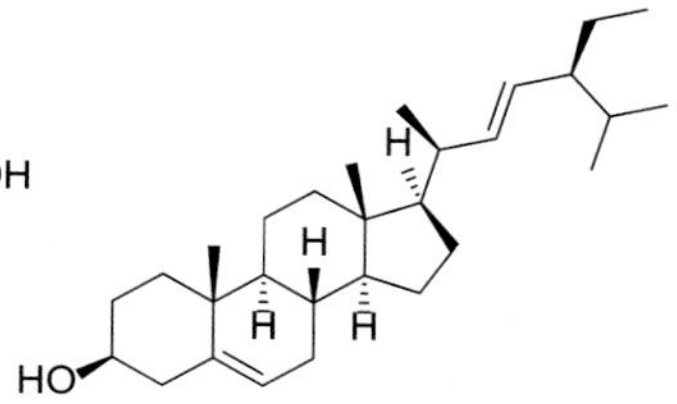　**Stigmasterol** 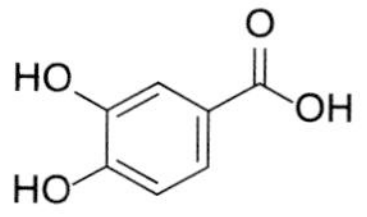　**Protocatechuic acid**

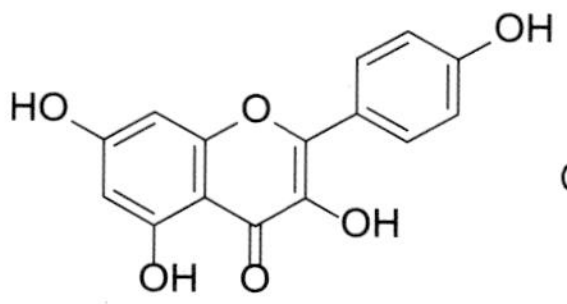

Kaempferol 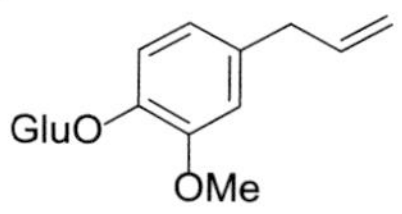　**Citrusin C** 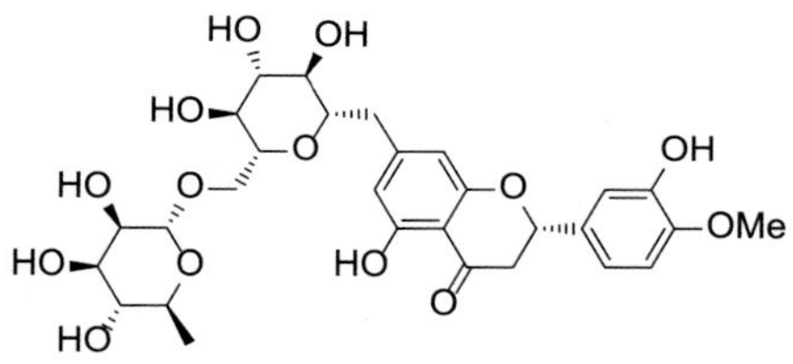　**Hesperidin**

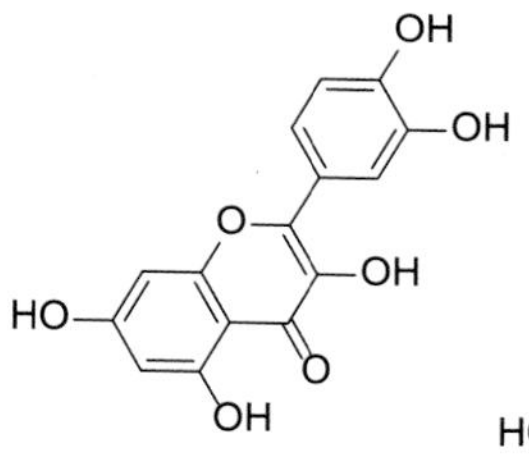

Quercetin 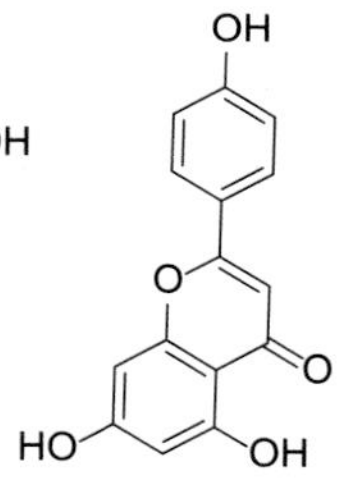　**Apigenin** 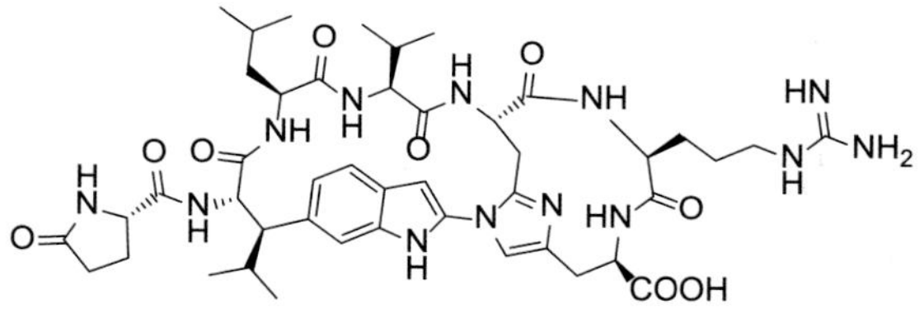　**Celogentin A**

【美白活性研究】

与熊果苷相比，从青葙叶提取物中分出的 eugenyl O-*β*-D-glucopyranoside 柑橘素 C 对酪氨酸和 DOPA 的氧化抑制作用更强，在 0.55 mmol/L 浓度下对酪氨酸酶的抑制率为 47.2%，对多巴氧化酶的抑制率为 87.93%[3]。

【参考文献】

[1] 刘胜，王鑫，徐金娣，等．中药青葙子化学成分的 UPLC-ESI-Q-TOF-MS 分析 [J]. 中国中药杂志，2019, 44(03): 500-508.

[2] Wu QB, Wang Y, Guo ML. Triterpenoid saponins from the seeds of *Celosia argentea* and their anti-inflammatory and antitumor activities[J]. Chemical and Pharmaceutical Bulletin, 2011, 59(5): 666–671.

[3] Sawabe A, Nomura M, Fujihara Y, et al. Isolation and synthesis of cosmetic substances from African dietary leaves, *Celosia argentea* L. for skin depigmentation[J]. Journal of Oleo Science, 2002, 51(3): 203–206.

40. 中华猕猴桃 *Actinidia chinensis* Planch.

【科属】猕猴桃科 Actinidiaceae/ 猕猴桃属 *Actinidia*

【别名】猕猴桃、藤梨、羊桃藤、羊桃、阳桃、奇异果、几维果、井冈山猕猴桃

【主要特征】藤本。幼枝及叶柄密生灰棕色柔毛，老枝无毛；髓大，白色，片状。叶片纸质，圆形、卵圆形或倒卵形，长 5~17 cm，顶端突尖、微凹或平截，边缘有刺毛状齿，上面仅叶脉有疏毛，下面密生灰棕色星状绒毛。花开时白色，后变黄色；花被 5 数，萼片及花柄有淡棕色绒毛；雄蕊多数；花柱丝状，多数。浆果卵圆形或矩圆形，密生棕色长毛。

【花果期】花期 5—6 月，果期 8—9 月。

【生境】生长于海拔 200~2600 m 的林及灌丛中。

【地理分布】分布于滇东北（永善、盐津、镇雄）和滇东（者海、马龙、罗平）。安徽、重庆、福建、甘肃、广东、广西、贵州、河南、湖北、湖南、江苏、江西、陕西、四川、台湾和浙江等省（自治区）也有分布。

【主要价值】果实可食用。

【药典用途】

具有解热、止渴、健胃、通淋、除烦热、消渴、调中理气、生津润燥、解热除烦的功效。用于治疗肺热干咳、消化不良、湿热黄疸、石淋、痔疮、食欲不振、呕吐、烧烫伤等症。

【民间用途】

可活血化瘀、清热解毒、祛风除湿及补充人体所需的部分营养成分，并能够辅助治疗或预防坏血病。在剧烈运动后食用中华猕猴桃，还能及时补充电解质，缓解疲劳，帮助身体及时恢复正常状态。

【化妆品原料】

中文名	淋洗类产品最高历史使用量（%）	驻留类产品最高历史使用量（%）
中华猕猴桃（*Actinidia chinensis*）果	—	—
中华猕猴桃（*Actinidia chinensis*）果水	—	72.227
中华猕猴桃（*Actinidia chinensis*）果提取物	—	17.722
中华猕猴桃（*Actinidia chinensis*）果汁	0.165	0.001
中华猕猴桃（*Actinidia chinensis*）提取物	—	—
中华猕猴桃（*Actinidia chinensis*）籽	0.5	—
中华猕猴桃（*Actinidia chinensis*）籽提取物	—	—
中华猕猴桃（*Actinidia chinensis*）籽油	0.25	0.125

【化学成分研究】

主要结构类型：三萜、黄酮、酚酸、甾体、苷、糖、香豆素、挥发油。

代表性成分及结构式：

熊果酸（Ursolic acid）、异槲皮苷（Isoquercitrin）、槲皮素（Quercetin）、异

它乔糖甙（Isotachioside）、*β*- 谷甾醇（*β*-Sitosterol）、胡萝卜苷（Daucosterol）、果糖（Fructose）、秦皮素（Fraxetin）、沉香醇（Linalool）。

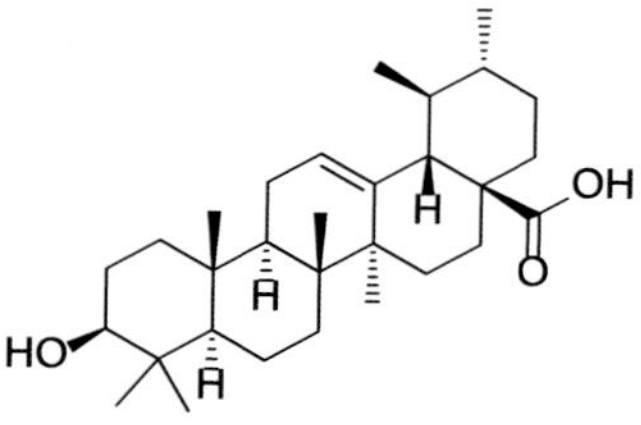

Ursolic acid 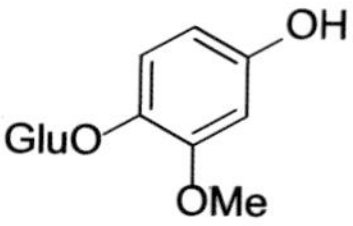　Isotachioside 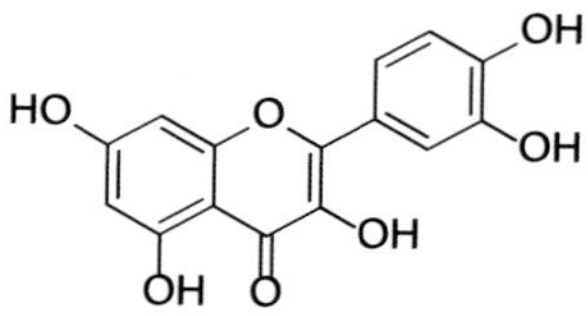　Quercetin

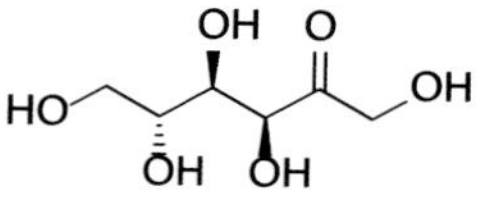

Fructose 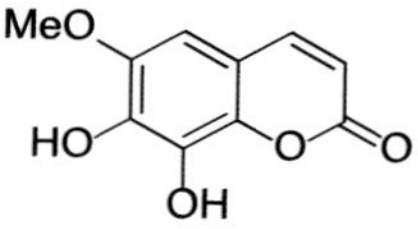　Fraxetin 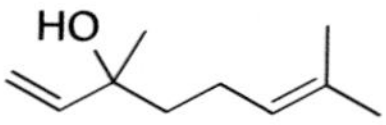　Linalool

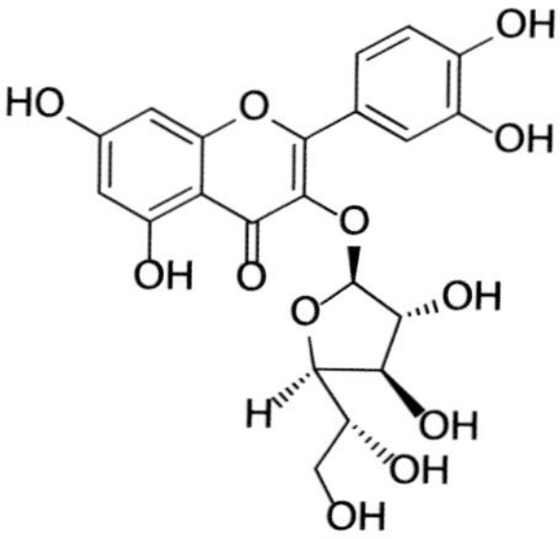

Isoquercitrin 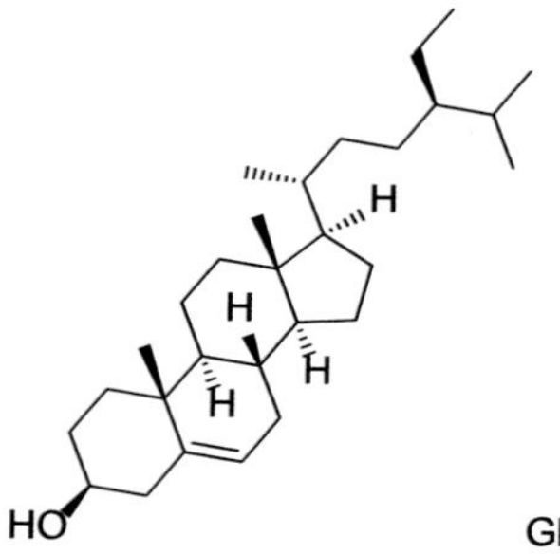　*β*-Sitosterol 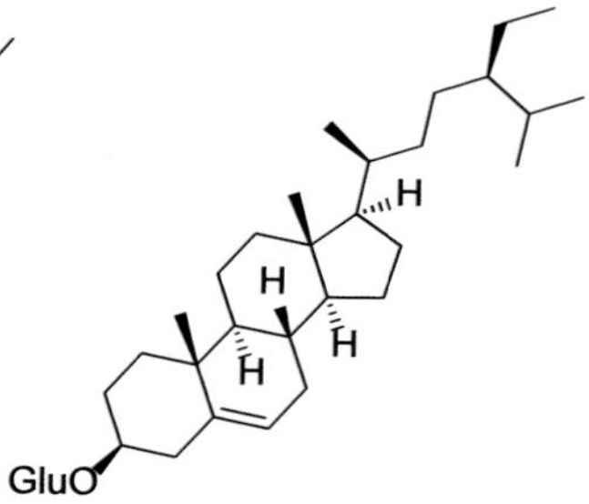　Daucosterol

【美白活性研究】

中华猕猴桃水提液对羟自由基有较好的清除作用，当水提液质量浓度为 1.0 mg/mL 时，羟自由基清除率能达到 95.57%，并对酪氨酸酶单酚酶和二酚酶活性具有较好的抑制作用，其半数抑制浓度 IC_{50} 值分别为 0.28 mg/mL 和 0.35 mg/mL[1]；猕猴桃果皮粗单宁提取物经不同溶剂洗脱得到组分：FA（甲醇：水 = 80 ： 20, v/v)、FB（丙酮：甲醇：水 =40 ： 40 ： 20, v/v/v）和 FC（丙酮：水 =70 ： 30, v/v），三个组分抑制单酚酶的半数抑制浓度 IC_{50} 值分别为（180.2 ± 6.5）μg/mL、（80.1 ± 4.1）μg/mL 和（48.9 ± 4.6）μg/mL。抑制二酚酶活性的 IC_{50} 值分别为（390.2 ± 12.6）μg/mL、（192.6 ± 10.3）μg/mL 和（64.9 ± 3.2）μg/mL，这三个组分对 DPPH、ABTS 自由基也有较好的清除效果，除 FA，其他组分的 IC_{50} 值均优于抗坏血酸[2]。1 mg/mL 的猕猴桃皮粗提物对糖基化终末产物（AGEs）具有 16% 的抑制率，粗提物的乙酸乙酯萃取部位浓度为 1 mg/mL 时，对 AGEs 形成的抑制率为 67%[3]，表明其具有通过抑制糖化反应改善肤色不均匀问题的潜力。

【参考文献】

[1] 张青，徐勇威，刘薇，等．中华猕猴桃水提液清除羟自由基以及抑制酪氨酸酶活性的研究 [J]. 日用化学工业，2018, 48(03): 162–165+171.

[2] Chai WM, Shi Y, Feng HL, et al. Structure characterization and anti-tyrosinase mechanism of polymeric proanthocyanidins fractionated from kiwifruit pericarp[J]. Journal of Agricultural and Food Chemistry, 2014, 62(27): 6382–6389.

[3] Lee Y, Hong CO, Nam MH, et al. Antioxidant and glycation inhibitory activities of gold kiwifruit, *Actinidia chinensis*[J]. Journal of the Korean Society for Applied Biological Chemistry, 2011, 54(3): 460–467.

41. 杜仲 *Eucommia ulmoides* Oliv.

【科属】杜仲科 Eucommiaceae/ 杜仲属 *Eucommia*

【别名】树杜仲、银丝杜仲、四共子

【主要特征】落叶乔木。树皮灰褐色，粗糙，内含橡胶。嫩枝有黄褐色毛，老枝有明显的皮孔。芽体卵圆形，外面发亮，红褐色，鳞片 6~8 片，边缘有微毛。叶椭圆形、卵形或矩圆形，薄革质，长 6~15 cm，宽 3.5~6.5 cm；基部圆形或阔楔形，先端渐尖；上面暗绿色，初时有褐色柔毛，不久变秃净，老叶略有皱纹，下面淡绿，初时有褐毛，以后仅在脉上有毛，侧脉 6~9 对，与网脉在上面下陷，在下面稍突起；边缘有锯齿；叶柄长 1~2 cm，上面有槽，被散长毛。花生于当年枝基部，雄花无花被；花梗长约 3 mm，无毛；苞片倒卵状匙形，长 6~8 mm，顶端圆形，边缘有睫毛，早落；雄蕊长约 1 cm，无毛，花丝长约 1 mm，药隔突出，花粉囊细长，无退化雌蕊。雌花单生，苞片倒卵形，花梗长 8 mm，子房无毛，1 室，扁而长，先端 2 裂，子房柄极短。翅果扁平，长椭圆形，长 3~3.5 cm，宽 1~1.3 cm，先端 2 裂，基部楔形，周围具薄翅；坚果位于中央，稍突起，子房柄长 2~3 mm，与果梗相接处有关节。种子扁平，线形，长 1.4~1.5 cm，宽 3 mm，两端圆形。

【花果期】早春开花，秋后果实成熟。

【生境】在自然状态下，生长于海拔 100~2000m 的低山、谷地或低坡的疏林里。各地广泛栽种。

【地理分布】镇雄、大关、曲靖、福贡、昆明、文山、景洪等地有栽培。甘肃、贵州、河南、湖北、湖南、陕西、四川、安徽、北京和浙江等省（自治区）也有栽培。

【主要价值】树皮药用；种子可榨油；木材供建筑及制家具。

【药典用途】

具有补肝肾、强筋骨、安胎的功效。用于治疗肝肾不足、腰膝酸痛、筋骨无力、头晕目眩、妊娠漏血、胎动不安等症。

【民间用途】

树皮、叶均可入药，可补肝肾、强筋骨，并能医腰痛、膝痛、骨质疏松、瘫痪、肠痔、阴道流血、流产、遗精、足癣等症。木材可作建筑材料及制作家具；树皮分泌的硬橡胶由于抗酸碱、抗化学试剂腐蚀性能高，因此常被用作工业原料及绝缘材料。

【化妆品原料】

中文名	淋洗类产品最高历史使用量（%）	驻留类产品最高历史使用量（%）
杜仲（*Eucommia ulmoides*）树皮提取物	—	0.575
杜仲（*Eucommia ulmoides*）提取物	0.396	0.0125
杜仲（*Eucommia ulmoides*）叶提取物	—	2

【化学成分研究】

主要结构类型：木脂素、黄酮、环烯醚萜、酚酸、萜、甾体。

代表性成分及结构式：

Noreucol A、1– 羟基松脂酚（1–Hydroxypinoresinol）、槲皮素（Quercetin）、山奈酚（Kaempferol）、杜仲苷（Aucubin）、二羟基查尔酮（Dihydrochalcone）、绿原酸（Chlorogenic acid）、桦木醇（Betulin）、*β*– 谷甾醇（*β*–Sitosterol）。

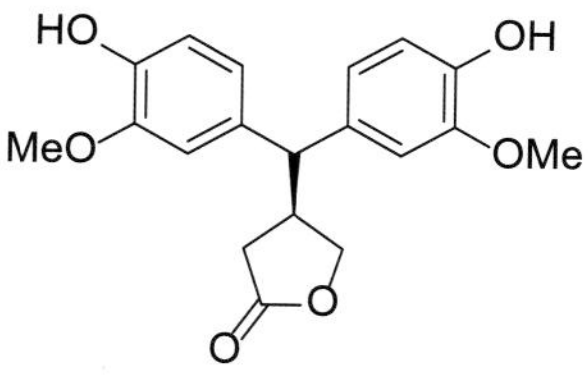

Noreucol A 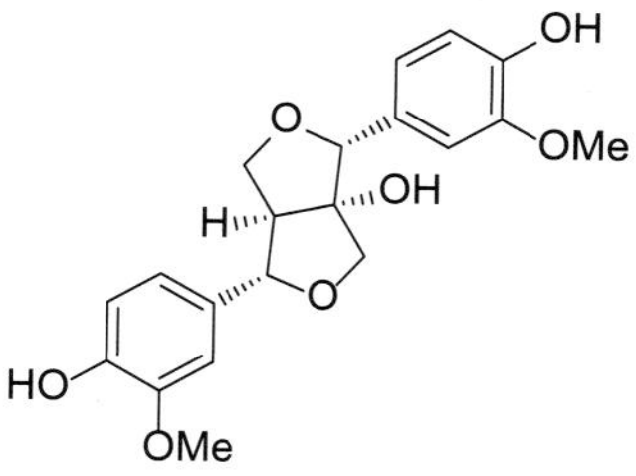　**1-Hydroxypinoresinol** 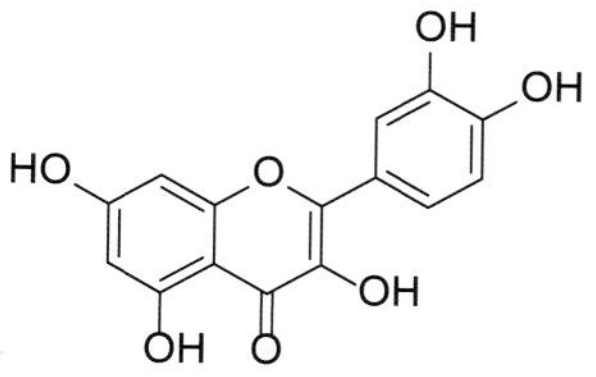　**Quercetin**

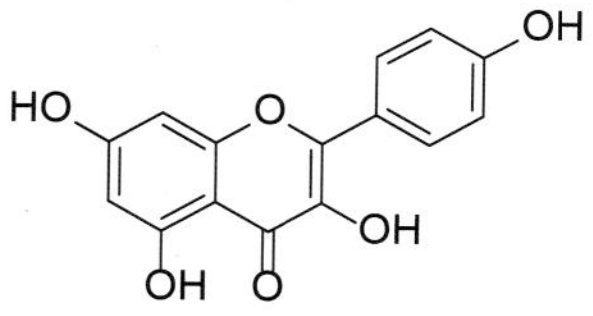

Kaempferol 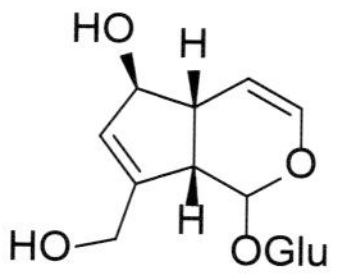　**Aucubin** 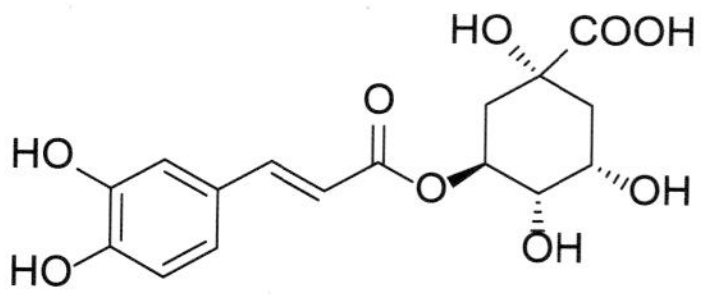　**Chlorogenic acid**

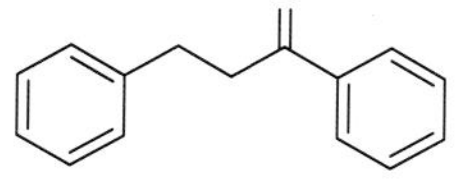

Dihydrochalcone 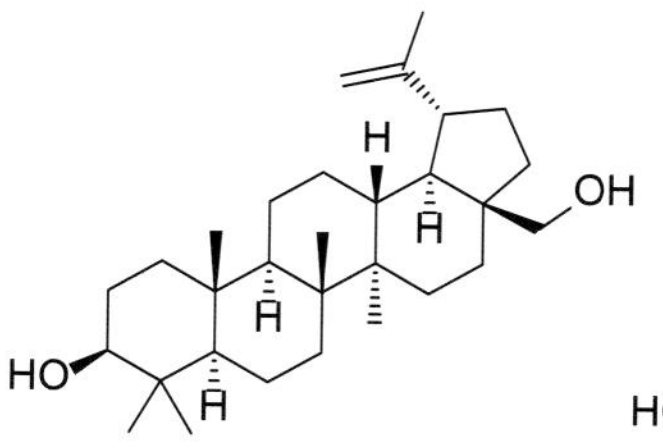　**Betulin** 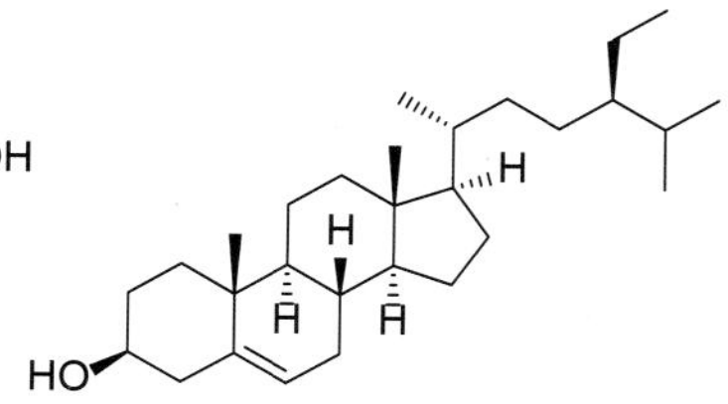　***β*-Sitosterol**

【美白活性研究】

杜仲雄花提取物可抑制酪氨酸酶活性从而抑制黑色素的生成，以此达到美白和嫩肤的效果[1]，杜仲提取物所制备的制剂还可用于去除因晒伤而产生的污渍和雀斑[2]。1.25 mg/mL 杜仲水提物对酪氨酸酶的抑制率为 22%，0.5 mg/mL 杜仲水提物对黑色素合成的抑制率为 37%，0.5 mg/mL 杜仲粗提物对 B16 细胞黑色素合成的抑制率约为 18%[3]。

【参考文献】

[1] 李程远 . 一种杜仲雄花嫩肤液及其应用 : 中国 , CN113143829[P]. 2021-07-23.

[2] Tanaka H. Cosmetic/New use of *Eucommia ulmoides* oliver extract for skin whitening: JP, JP2000159623[P]. 2000-06-13.

[3] 陈龙 , 郑义 , 高进 , 等 . 养颜青娥丸对小鼠 B-16 黑素瘤细胞株黑素合成和酪氨酸酶的影响 [J]. 中国医院药学杂志 , 2002, 03: 23-25.

42. 栀子 *Gardenia jasminoides* J. Ellis

【科属】茜草科 Rubiaceae/ 栀子属 *Gardenia*

【别名】野栀子、黄栀子、栀子花、小叶栀子、山栀子

【主要特征】灌木。叶对生或 3 叶轮生，有短柄；叶片革质，形状和大小常有很大差异，通常椭圆状倒卵形或矩圆状倒卵形，长 5~14 cm，宽 2~7 cm，顶端渐尖，稍钝头，上面光亮，仅下面脉腋内簇生短毛；托叶鞘状。花大，白色，芳香，有短梗，单生枝顶；萼全长 2~3 cm，裂片 5~7，条状披针形，通常比筒稍长；花冠高脚碟状，筒长通常 3~4 cm，裂片倒卵形至倒披针形，伸展，花药露出。果黄色，卵状至长椭圆状，长 2~4 cm，有 5~9 条翅状直棱，1 室；种子很多，嵌于肉质胎座上。

【花果期】花期 3—7 月，果期 5 月至翌年 2 月。

【生境】生长于海拔 10~1500 m 处的旷野、丘陵、山谷、山坡、溪边的灌丛或林中。

【地理分布】分布于昆明、文山、富宁、河口、勐腊等地。安徽、福建、广东、广西、贵州、海南、河北、湖北、湖南、江苏、江西、山东、四川、甘肃、山西、台湾和浙江等省（自治区）也有分布。国外主要分布于不丹、柬埔寨、印度、日本、朝鲜、老挝、尼泊尔、巴基斯坦、泰国、越南等国。

【主要价值】可作庭院观赏植物；果实可入药。

【药典用途】

具有泻火除烦、清热利湿、凉血解毒的功效。用于治疗热病心烦、湿热黄疸、淋沥涩痛、血热吐衄、目赤肿痛、火毒疮疡等症；外治扭伤挫伤，可消肿止痛。

【民间用途】

果实入药可治疗伤寒、烧伤、急性肠胃炎、口疮、咽喉肿痛、食不得等症；果实可提取色素作染料用，亦可用于化妆品、食品行业作天然着色剂原料；花可提制芳香浸膏，用于多种花香型化妆品和香皂香精的调和剂。

【化妆品原料】

中文名	淋洗类产品最高历史使用量（%）	驻留类产品最高历史使用量（%）
水解栀子（*Gardenia florida*）[1]提取物	1	0.056
栀子（*Gardenia florida*）果提取物	5	2.1
栀子（*Gardenia florida*）花提取物	2	0.6
栀子（*Gardenia florida*）提取物	2.5	1
栀子（*Gardenia florida*）油	—	0.025
栀子（*Gardenia jasminoides*）果提取物	2.25	0.15
栀子（*Gardenia jasminoides*）提取物	—	—

[1] *Gardenia florida* 是栀子（*Gardenia jasminoides*）的拉丁异名。

【化学成分研究】

主要结构类型：环烯醚萜、单萜苷、二萜、三萜、黄酮。

代表性成分及结构式：

栀子苷（Geniposide）、京尼平（Genipin）、山栀苷（Shanzhiside）、栀子醛（Cerbinal）、栀子黄素 B（Gardenin B）、栀子黄素（Gardenin）、绿原酸（Chlorogenic acid）、山栀子苷甲酯（Gardoside methyl ester）、山栀苷甲酯（Shanzhiside methylester）。

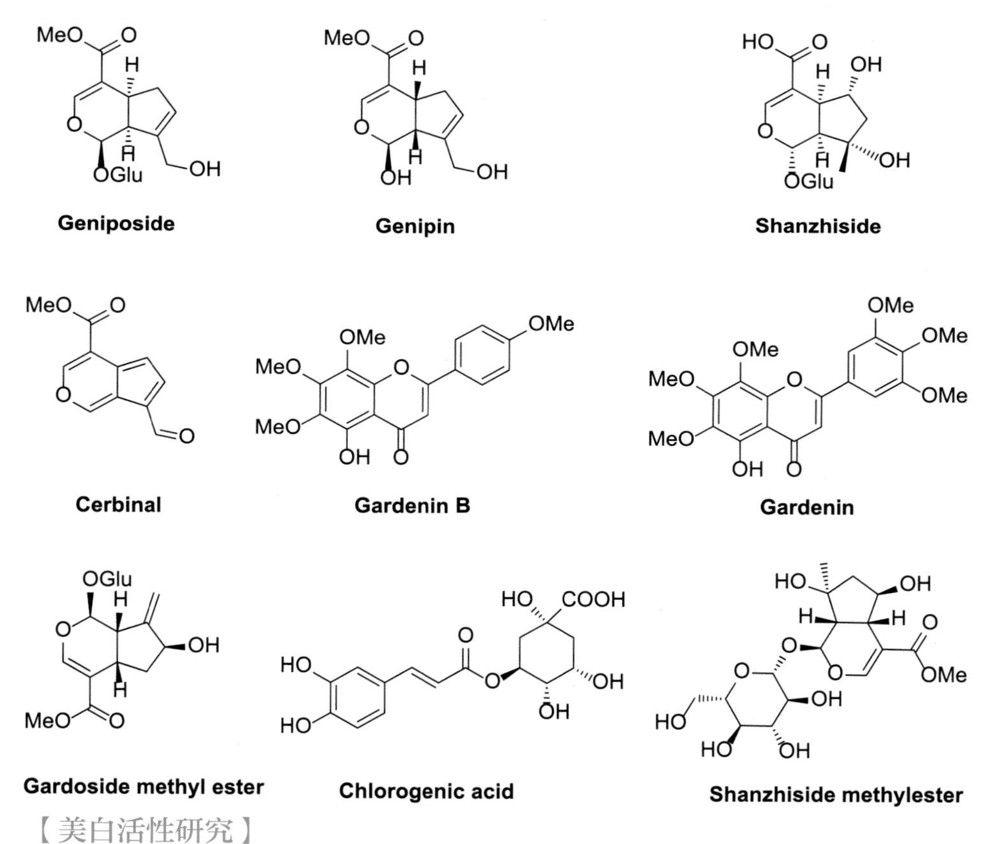

【美白活性研究】

栀子叶 70% 乙醇提取物浓度依赖性地抑制 α–MSH 诱导后 B16 黑色素瘤细胞黑素的生成和细胞酪氨酸酶的活性[1]。栀子中的新橙皮苷在 25 μmol/L 浓度下对酪氨酸酶有明显的抑制作用，抑制率为（36.52 ± 1.98）%[2]。栀子甲醇提取物中 6'–*O*– 芥子苷、6'–*O*– 对香豆酰龙胆糖苷具有很好的酪氨酸酶抑制活性，分别在 30 μmol/L 和 50 μmol/L 时表现出对黑色素的抑制作用。其中，6'-*O*- 对香豆酰龙胆糖苷的抑制活性表现为：在 30 μmol/L 和 50 μmol/L 时对 B16 细胞黑素生成抑制率分别为 41.0% 和 47.7%[3]。

【参考文献】

[1] 李海波，马金凤，庞倩倩，等．栀子的化学成分研究 [J]. 中草药，2020, 51(22): 5687–5697.

[2] Shu PH, Yu MZ, Zhu HQ, et al. Two new iridoid glycosides from *Gardeniae fructus*[J]. Carbohydrate Research, 2021, 501: 108259.

[3] Akihisa T, Watanabe K, Yamamoto A, et al. Melanogenesis inhibitory activity of monoterpene glycosides from *Gardeniae fructus*[J]. Chemistry and Biodiversity, 2012, 9(8): 1490–1499.

43. 牛至 *Origanum vulgare* L.

【科属】唇形科 Lamiaceae/ 牛至属 *Origanum*

【别名】小叶薄荷、署草、五香草、野薄荷、土茵陈、随经草、野荆芥、糯米条、茵陈、白花茵陈、接骨草、香茹草、香炉草、土香薷、小田草、地藿香、满坡香、满天星、山薄荷、罗罗香、玉兰至、香茹、香薷、苏子草、满山香、乳香草、琦香、台湾姜味草

【主要特征】多年生草本或半灌木。茎直立或近基部伏地，四棱形，具倒向或微蜷曲的短柔毛。叶具柄，柄长 2~7 mm，腹面具槽，背面近圆形，被柔毛，叶片卵圆形或长圆状卵圆形，长 1~4 cm，宽 0.4~1.5 cm，先端钝或稍钝，基部宽楔形至近圆形或微心形，全缘或有远离的小锯齿，具柔毛及凹陷的腺点，侧脉 3~5 对；苞叶大多无柄。花序呈伞房状圆锥花序，密集，由多数在果时稍伸长的长圆小穗状花序所组成；苞片长圆状倒卵形至倒卵形或倒披针形，锐尖，

长约 5 mm，全缘。花萼钟状，连齿长 3 mm，外面被小硬毛或近无毛，内面在喉部有白色柔毛环，13 脉，多少显著，萼齿 5 个，三角形，等大，长 0.5 mm。花冠紫红、淡红至白色，管状钟形，长 7 mm，两性花冠筒长 5 mm，显著超出花萼，雌性花冠筒短于花萼，长约 3 mm，外面疏被短柔毛，内面在喉部被疏短柔毛，冠檐明显二唇形，上唇直立，卵圆形，长 1.5 mm，先端 2 浅裂，下唇开张，长 2 mm，3 裂，中裂片较大，侧裂片较小，均长圆状卵圆形。雄蕊 4 枚，花丝丝状，扁平无毛，花药卵圆形，2 室；花盘平顶；花柱略超出雄蕊，先端不相等 2 浅裂。小坚果卵圆形，长约 0.6 mm，褐色，无毛。

【花果期】花期 7—9 月，果期 10—12 月。

【生境】生长于海拔 500~3600m 的路旁、山坡、林下及草地上。

【地理分布】分布于云南省各地。安徽、福建、甘肃、广东、贵州、河南、湖北、湖南、江苏、江西、陕西、四川、台湾、新疆、西藏和浙江等省（自治区）也有分布。国外主要分布于哈萨克斯坦、吉尔吉斯斯坦、俄罗斯等国。

【主要价值】全草药用；可提取芳香油；可作蜜源植物。

【药典用途】

具有清利湿热，利胆退黄的功效。用于治疗黄疸尿少、湿温暑湿、湿疮瘙痒等症。

【民间用途】

全草入药，其散寒发表功用尤胜于薄荷。用于久治不愈的创伤、痛疮、脓血及黄水疮、腐烂性的疮及久治不愈的创伤引起的肉瘤、黄疸型肝炎、胆囊炎、肝胆湿热、全身黄染、午后潮热、湿疹痒、感冒发热、惊风等症。除供调配香精外，亦用作酒曲配料，同时还是很好的蜜源植物。

【化妆品原料】

中文名	淋洗类产品最高历史使用量（%）	驻留类产品最高历史使用量（%）
牛至（*Origanum vulgare*）花提取物	—	1

待续

续表

中文名	淋洗类产品最高历史使用量（%）	驻留类产品最高历史使用量（%）
牛至（*Origanum vulgare*）提取物	—	0.1
牛至（*Origanum vulgare*）叶	—	—
牛至（*Origanum vulgare*）花/叶/茎提取物	1	0.1
牛至（*Origanum vulgare*）叶提取物	—	6.64
牛至（*Origanum vulgare*）叶油	—	5
牛至（*Origanum vulgare*）油	2.5	1

【化学成分研究】

主要结构类型：香豆素、黄酮、有机酸、挥发油、萜。

代表性成分及结构式：

莨菪亭（6–Methylesculetin）、6–甲氧基香豆素（6–Methoxycoumarin）、Isosabandin、木犀草素（Luteolin）、槲皮素（Quercetin）、绿原酸（Chlorogenic acid）、咖啡酸（Caffeic acid）、苯乙醛（Phenylacetaldehyde）、植醇（Phytol）。

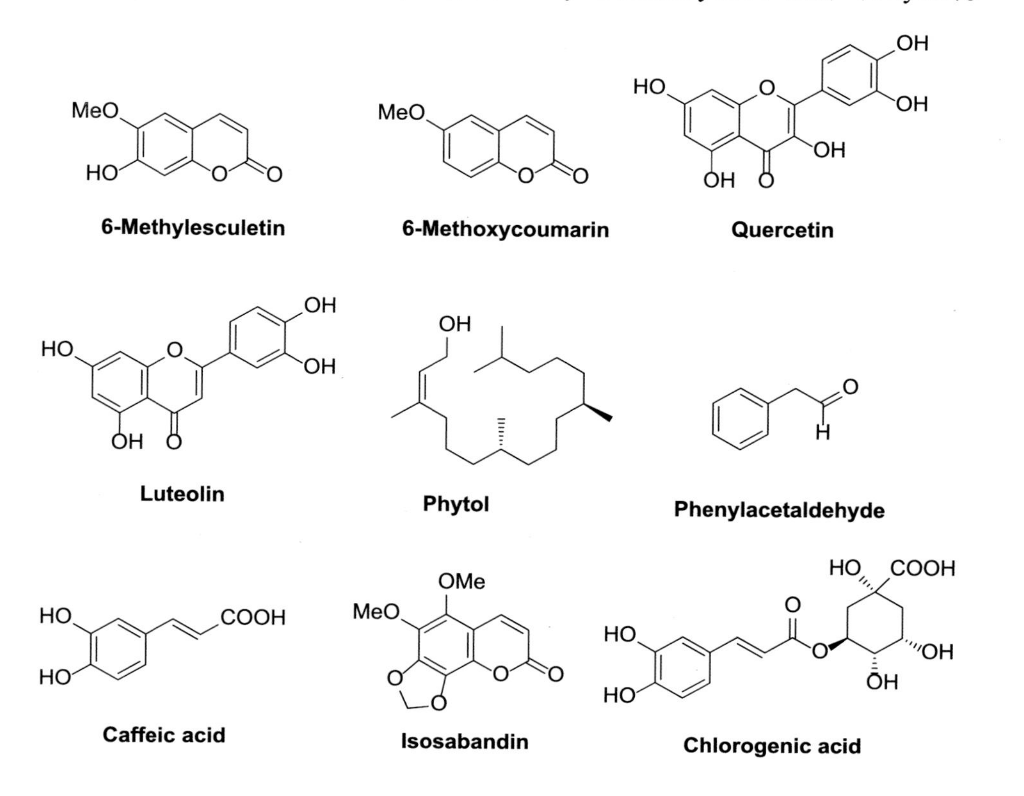

【美白活性研究】

牛至中所含酚类化合物有抑制B16细胞中细胞酪氨酸酶和DOPA氧化酶的能力，用10 μg/mL和20 μg/mL的从牛至（*Origanum vulgare*）中分离出的化合物origanoside处理B16细胞，发现其对细胞中酪氨酸酶活性的抑制率为16.9%~28.6%。小鼠动物实验表明，与对照组（仅凝胶样品）和未处理组相比，origanoside－凝胶处理10 d后的小鼠皮肤L*明显升高，a*略有降低，b*无明显变化，红斑－黑素（E/M）水平显著低于对照组（凝胶样本）和未处理组。系列实验表明，origanoside可能通过下调MITF、酪氨酸酶和TRP–2基因和蛋白表达来减少黑素的合成[1]，可降低酪氨酸酶和酪氨酸酶相关蛋白2（TRP–2）的表达，表明其具有抗黑色素生成的作用[2]；牛至提取物具有显著的抗氧化活性，其热水提取物活性最好[EC_{50}=(25.1 ± 2.2) μg/mL]，其次是乙醇提取物[EC_{50}=（64.1 ± 1.2）μg/mL]和冷水提取物[EC_{50}=（144.3 ± 4.0）μg/mL][3]，牛至中含有的化合物4–(3,4–dihydroxybenzoyloxymethyl) phenyl– O–*β*–D–glucopyranoside（Ov–16）处理经*α*–MSH诱导后的B16细胞72 h后，与对照细胞比较，5 μg/mL、10 μg/mL和20 μg/mL的Ov–16分别降低了31.2%、60.6%和74.0%的多巴氧化酶活性，细胞内酪氨酸酶抑制率为12.5%~55.7%，细胞内黑色素含量比对照细胞减少5.7%~47.9%[4]。

【参考文献】

[1] Liang CH, Chou TH, Ding HY. Inhibition of melanogensis by a novel origanoside from *Origanum vulgare*[J]. Journal of Dermatological Science, 2010, 57(3): 170–177.

[2] Chou TH, Ding HY, Lin RJ, et al. Inhibition of melanogenesis and oxidation by protocatechuic acid from *Origanum vulgare* (Oregano)[J]. Journal of Natural Products, 2010, 73(11): 1767–1774.

[3] Pezzani R, Vitalini S, Iriti M. Bioactivities of *Origanum vulgare* L.: an update[J]. Phytochemisry Reviews, 2017, 16: 1253–1268.

[4] Liang CH. Ov–16 [4–(3,4–dihydroxybenzoyloxymethyl)phenyl–O–*β*–D–glucopyranoside] inhibits melanin synthesis by regulating expressions of melanogenesis–regulated gene and protein[J]. Experimental Dermatology, 2011, 20(9): 743–748.

44. 丹参 *Salvia miltiorrhiza* Bunge

【科属】唇形科 Lamiaceae/ 鼠尾草属 *Salvia*

【别名】大叶活血丹、血参、赤丹参、紫丹参、活血根、红根红参、红根、阴行草、五风花、紫参、夏丹参、红丹参、红根赤参、赤参、紫丹胡、壬参、大红袍、烧酒壶根、野苏子根、血参根、奔马草、木羊乳、郁蝉草、山参、逐乌、蛤蟆皮

【主要特征】多年生草本。茎高 40~80 cm，被长柔毛。叶常为单数羽状复叶；侧生小叶 1~3 对，卵形或椭圆状卵形，长 1.5~8 cm，两面被疏柔毛。轮伞花序 6 至多花，组成顶生或腋生假总状花序，密被腺毛及长柔毛；苞片披针形，具睫毛；花萼钟状，长约 1.1 cm，外被腺毛及长柔毛，11 脉，二唇形，上唇

三角形，顶端有3个聚合小尖头，下唇2裂；花冠紫蓝色，长2~2.7 cm，筒内有斜向毛环，檐部二唇形，下唇中裂片扁心形；花丝长3.5~4 mm，花隔长17~20 mm，上臂长14~17 mm，下臂短而增粗，药室不育，顶端联合。小坚果椭圆形。

【花果期】花期4—8月，花后见果。

【生境】生长于海拔100~1300 m的山坡、林下草丛或溪谷旁。

【地理分布】云南省各地广泛栽培。安徽、河北、海南、湖北、湖南、江苏、山东、山西和浙江等省（自治区）也有分布。国外主要分布于日本。

【主要价值】根可药用。

【药典用途】

具有活血祛瘀、通经止痛、清心除烦、凉血消痈的功效。用于治疗胸痹心痛、脘腹胁痛、癥瘕积聚、热痹疼痛、心烦不眠、月经不调、痛经经闭、疮疡肿痛等症。

【民间用途】

根入药，含丹参酮，可作强壮性通经剂，具活血调经、凉血消痈、清热除烦之功效。妇科用药，对治疗冠心病有良好效果。外用可洗漆疮，亦可泡水饮用。

【化妆品原料】

中文名	淋洗类产品最高历史使用量（%）	驻留类产品最高历史使用量（%）
丹参（*Salvia miltiorrhiza*）根粉	1	—
丹参（*Salvia miltiorrhiza*）根提取物	4	2.8
丹参（*Salvia miltiorrhiza*）花/叶/根提取物	—	5
丹参（*Salvia miltiorrhiza*）提取物	4	2.5

【化学成分研究】

主要结构类型：二萜、三萜、内酯、含氮、酚酸。

代表性成分及结构式：

丹参酮 I（Tanshinone I）、丹参素 A（Tanshinol A）、齐墩果酸（Oleanolic acid）、丹参内酯（Tanshinlactone）、沙尔威酮（Salviadione）、丹参素（Salvianic acid A）。

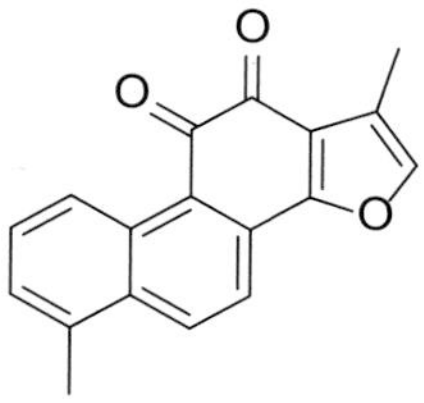

Tanshinone I 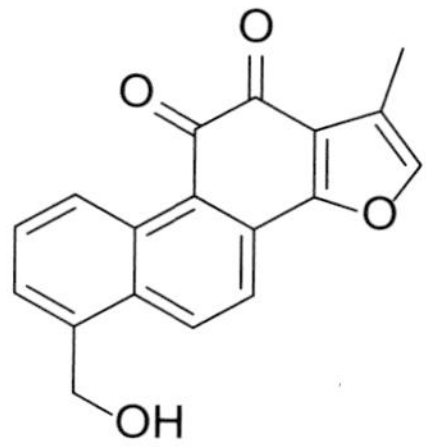　**Tanshinol A** 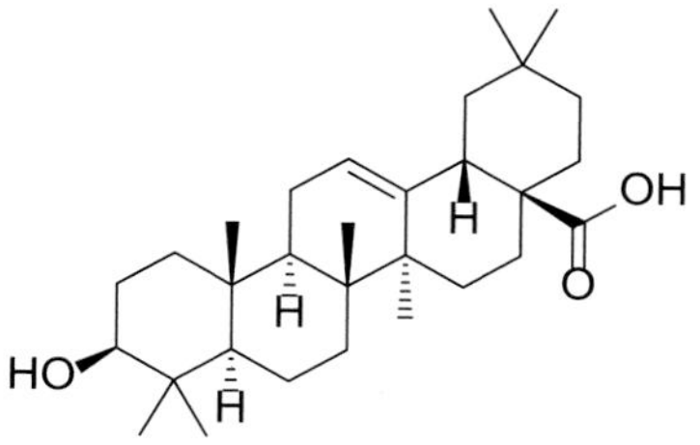　**Oleanolic acid**

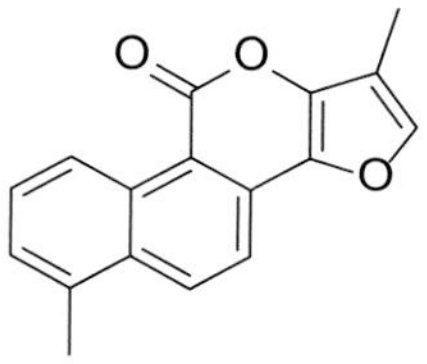

Tanshinlactone 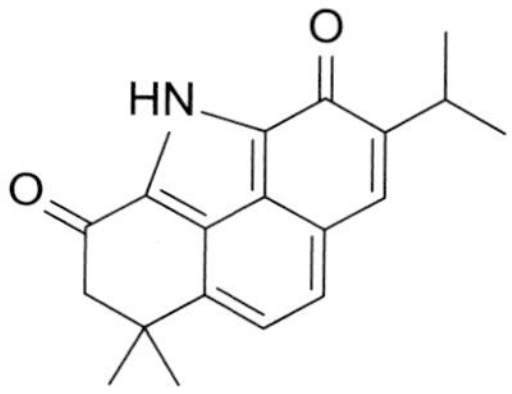　**Salviadione** 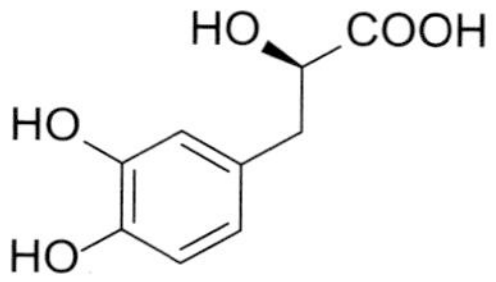　**Salvianic acid A**

【美白活性研究】

丹参提取液针对黑色素合成和酪氨酸酶活力具有较好的抑制作用，展现出良好的美白效果[1]；丹参叶甲醇提取物针对 DPPH 自由基清除率的 EC_{50} 值为（7.0 ± 0.28）μg/mL，在超氧自由基猝灭率中为（246.5 ± 10.35）μg/mL，其含有丰富的酚类化合物，具有抗氧化活性[2]；丹参根中原儿茶醛（PCA）在浓度范围为 1×10^{-5} mol/L~8×10^{-5} mol/L 时，表现出剂量依赖性的酶活性抑制，在 19.92×10^{-6} mol/L 时抑制率为 50%[3]。从丹参提取物中分离得到的原儿茶醛、丹参素单体质量浓度为 1 mg/mL 时，原儿茶醛和丹参素对酪氨酸酶的抑制率分别为 50.5% 和 21.8%[4]；另一研究显示，丹参提取物浓度为 500 μg/mL 时，对酪氨酸酶的抑制率为（26.55 ± 0.17）%；从该丹参提取物中分离出的 Protocatechuic aldehyde、Tanshinone IIA 对酪氨酸酶的半数抑制活性 IC_{50} 值分别为 455 μmol/L 和 1214 μmol/L[5]，表明丹参中含有的成分具有潜在的美白功效。

【参考文献】

[1] 莫秋婷，李萌，王冬冬，等．丹参发酵液的体外抗氧化和美白功效评价[J]. 日用化学工业，2021, 51(10): 981–989.

[2] Zhang Y, Li X, Wang ZZ. Antioxidant activities of leaf extract of *Salvia miltiorrhiza* Bunge and related phenolic constituents[J]. Food and Chemical Toxicology, 2010, 48(10): 2656–2662.

[3] No JK, Kim MS, Kim YJ, et al. Inhibition of tyrosinase by protocatechuic aldehyde[J]. The American Journal of Chinese Medicine, 2004, 32(01): 97–103.

[4] 李红艳，刘艳杰，王倩，等．具有酪氨酸酶抑制活性的丹参有效成分筛选研究 [J]. 药物评价研究，2013, 36(02): 85–89.

[5] Wang YL, Hu G, Zhang Q, et al. Screening and characterizing tyrosinase inhibitors from *Salvia miltiorrhiza* and *Carthamus tinctorius* by spectrum–effect relationship analysis and molecular docking[J]. Journal of Analytical Methods in Chemistry, 2018, 2018: 2141389.

45. 藿香 *Agastache rugosa* (Fisch. & C. A. Mey.) Kuntze

【科属】唇形科 Lamiaceae/ 藿香属 *Agastache*

【别名】芭蒿、排香草、青茎薄荷、水麻叶、紫苏草、鱼香、白薄荷、鸡苏、大薄荷、苏藿香、叶藿香、杏仁花、鱼子苏、小薄荷、野藿香、野薄荷、山薄荷、大叶薄荷、土藿香、薄荷、白荷、八蒿、拉拉香、野苏子、人丹草、山猫巴、猫尾巴香、猫巴虎、猫巴蒿、把蒿、香荆芥花、香薷、家茴香、红花小茴香、山灰香、山茴香、苍告、合香

【主要特征】多年生草本。茎四棱形。叶心状卵形至长圆状披针形，长 4.5~11 cm，宽 3~6.5 cm，先端尾状长渐尖，基部常心形，边缘具粗齿；叶柄长 1.5~3.5 cm。轮伞花序多花，在主茎或侧枝上组成顶生密集的圆筒形穗状花序；

花序基部的苞叶长不超过 5 mm，宽 1~2 mm，披针状线形，长渐尖，苞片形状与之相似，较小，长 2~3 mm；轮伞花序具短梗，总梗长约 3 mm，被腺微柔毛。花萼管状倒圆锥形，长约 6 mm，宽约 2 mm，被腺微柔毛及黄色小腺体，萼齿三角状披针形，前 2 齿稍短。花冠淡紫蓝色，长约 8 mm，外被微柔毛，冠筒基部宽约 1.2 mm，微超于萼，向上渐宽，至喉部宽约 3 mm，冠檐二唇形，上唇直伸，先端微缺，下唇 3 裂，中裂片较宽大，长约 2 mm，宽约 3.5 mm，平展，边缘波状，基部宽，侧裂片半圆形。雄蕊伸出花冠，花丝细，扁平，无毛；花柱与雄蕊近等长，丝状，先端相等的 2 裂；花盘厚环状；子房裂片顶部具绒毛。成熟小坚果卵状长圆形，长约 1.8 mm，宽约 1.1 mm，腹面具棱，先端具短硬毛，褐色。

【花果期】花期 6—9 月，果期 9—11 月。

【生境】常见栽培。

【地理分布】云南省各地均有栽培，有时亦呈野生状态。其他各省、区、市亦广泛分布。国外日本、韩国、俄罗斯和北美也有野生或栽培。

【主要价值】全草可药用。

【药典用途】

具有芳香化浊、和中止呕、发表解暑的功效。用于治疗湿浊中阻、脘痞呕吐、暑湿表证、湿温初起、发热倦怠、胸闷不舒、寒湿闭暑、腹痛吐泻、鼻渊头痛等症。（注：广藿香）。

【民间用途】

种植藿香全草入药，用于治霍乱腹痛、成人解暑、胃肠胀气等症。亦可作绿化植物；嫩茎叶可食；叶、茎可作芳香油原料，果可作香料。

【化妆品原料】

中文名	淋洗类产品最高历史使用量（%）	驻留类产品最高历史使用量（%）
藿香（*Agastache rugosa*）提取物	—	1

【化学成分研究】

主要结构类型：黄酮、萜、酚酸、苯丙素、醌、甾体。

代表性成分及结构式：

藿香黄酮醇（Pachypodol）、新绿原酸（Neochlorogenic acid)、迷迭香酸（Rosmarinic acid）、去甲基丁香酚 *β*–D– 吡喃葡萄糖（Desmethyl eugenol *β*–D–glucopyranoside）、熊果酸（Ursolic acid）、胡萝卜苷（Daucosterol）、柑橘素 C（Citrusin C）、藿香醌（Agastaquinone）、Nepetoidin B。

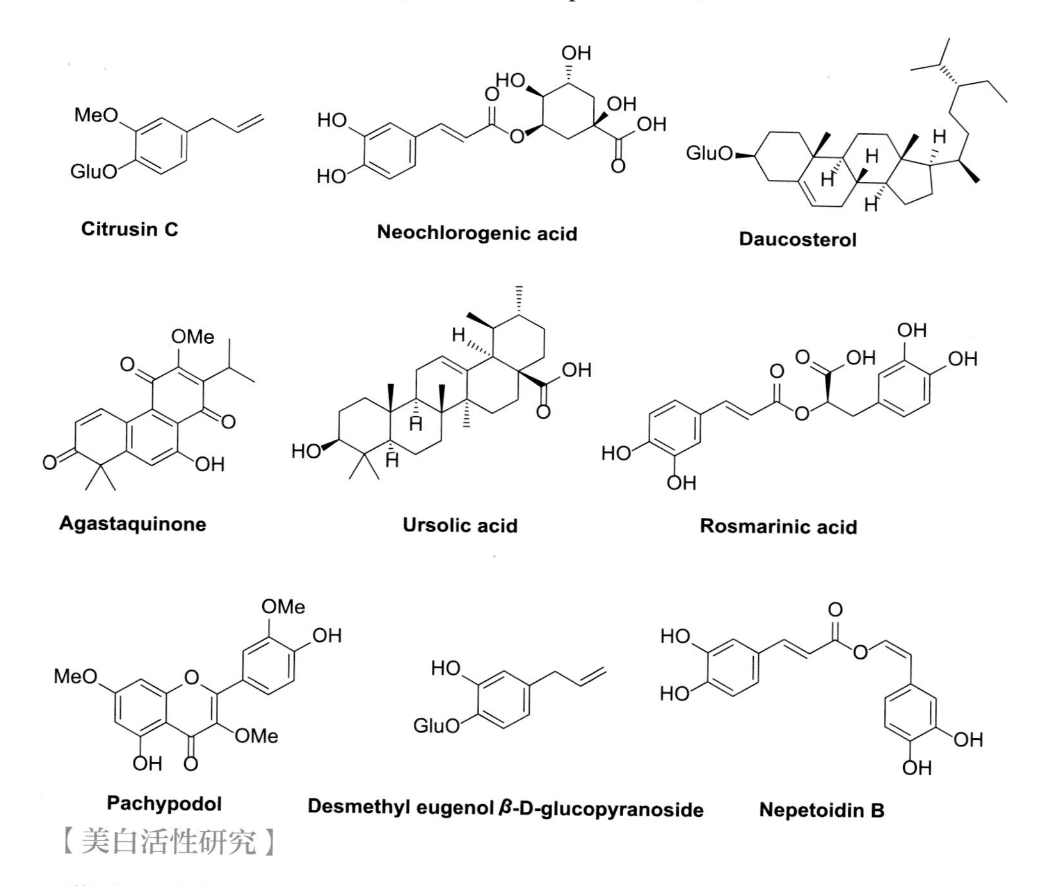

【美白活性研究】

藿香中的去甲基丁香酚 *β*–D– 吡喃葡萄糖苷在 5 μmol/L 和 10 μmol/L 的浓度下抑制酪氨酸酶活性，且没有细胞毒性[1]。藿香发酵提取物具有 51.04% 的酪氨酸酶抑制作用，70% 乙醇萃取物的抑制率为 41.88%。对黑色素细胞 B16–F10 中的黑色素生成抑制率为 66.60%，因此，藿香具有酪氨酸酶和黑色素生成抑制作用，并且其活性也通过与鼠李糖乳杆菌和副干酪乳杆菌发酵得到改善[2]。实验结果表明，广藿香的100%、50%、25%乙醇提取液对DPPH自由基抑制率分别为108.45%、85.59%、73.75%。水提取液对DPPH自由基抑制率分别为87.90%、81.46%、81.39%。通过广藿香自由基清除实验和抑制酪氨酸酶实验证实广藿香具有潜在的抗氧化应激和美白等功效[3]。

【参考文献】

[1] Lee TH, Park S, Yoo G, et al. Demethyleugenol β-Glucopyranoside isolated from *Agastache rugosa* decreases melanin synthesis via down-regulation of MITF and SOX9[J]. Journal of Agricultural and Food Chemistry, 2016, 64(41): 7733-7742.

[2] Kim NY, Kwon HS, Lee HY. Effect of inhibition on tyrosinase and melanogenesis of *Agastache rugosa* Kuntze by lactic acid bacteria fermentation[J]. Journal of Cosmetic Dermatology, 2017, 16(3): 407-415.

[3] 刘楚琦 , 武楠楠 , 任毅 . 广藿香的抗氧化和美白机制的探究 [J]. 中国洗涤用品工业 , 2023, 04: 66-74.

46. 肾茶 *Orthosiphon aristatus* (Blume) Miq.

【科属】唇形科 Lamiaceae/ 鸡脚参属 *Orthosiphon*

【别名】牙努秒、猫须公、猫须草

【主要特征】多年生草本。茎四棱形，被倒向短柔毛。叶卵形、菱状卵形或卵状长圆形，先端急尖，基部宽楔形至截状楔形，边缘具粗牙齿或疏圆齿，齿端具小突尖，纸质，上面榄绿色，下面灰绿色，两面均被短柔毛及散布凹陷腺点，上面被毛较疏，侧脉 4~5 对，斜上升，两面略显著；叶柄长 3~15 mm，腹平背凸，被短柔毛。轮伞花序 6 花，在主茎及侧枝顶端组成总梗长 8~12 cm 的总状花序；苞片圆卵形，长约 3.5 mm，宽约 3 mm，先端骤尖，全缘，具平行的纵向脉，上面无毛，下面密被短柔毛，边缘具小缘毛；花梗长达 5 mm，与序轴密被短柔毛。花萼卵珠形，长 5~6 mm，宽约 2.5 mm，外面被微柔毛及突起的锈色腺点，内面无毛，二唇形，上唇圆形，长、宽约 2.5 mm，边缘下延至萼筒，下唇具 4 齿，齿三角形，先端具芒尖，前 2 齿比侧 2 齿长一倍，边缘均具短睫毛，果时花萼增大，长达 1.1 cm，宽至 4 mm，10 脉明显，其间网脉清晰可见，上唇明显外反，下唇向前伸。花冠浅紫或白色，外面被微柔毛，在上唇上疏布锈色腺点，内面在冠筒下部疏被微柔毛，冠筒狭管状，长 9~19 mm，近等大，直径约 1 mm，冠檐大，二唇形，上唇大，外反，直径约 6 mm，3 裂，中裂片较大，先端微缺，下唇直伸，长圆形，长约 5 mm，宽约 2.5 mm，微凹。雄蕊 4 枚，超出花冠 2~4 cm，前对略长。花丝长丝状，无齿，花药小，药室叉开。花柱长长地伸出，先端棒状头形，2 浅裂。花盘前方呈指状膨大。小坚果卵形，长约 2 mm，宽约 1.5 mm，深褐色，具皱纹。

【花果期】花、果期 5—11 月。

【生境】常生长于海拔 1500 m 及以下的林下潮湿处，有时也见于无荫平地上，更多为栽培。

【地理分布】分布于西双版纳，有时栽培。福建、广西、海南和台湾等省（自治区）也有分布。国外主要分布于印度、印度尼西亚、马来西亚、缅甸、菲律宾和澳大利亚等国。

【主要价值】地上部分可药用。

【药典用途】

具有清热祛湿、排石利水的功效。属利水渗湿药下属分类的利尿通淋药。《四川省中药饮片炮制规范》中记录其“清热解毒，利尿通淋，用于湿热下注所致尿频、尿急、尿痛、腰疼乏力等症”。

【民间用途】

用于治疗急慢性肾炎、膀胱炎、尿路结石、由结石引起的尿急腰痛等病症。傣族有约 2000 年的肾茶饮用历史。

【化妆品原料】

中文名	淋洗类产品最高历史使用量（%）	驻留类产品最高历史使用量（%）
肾茶（*Orthosiphon stamineus*）[1]提取物	—	0.055

【化学成分研究】

主要结构类型：萜、多酚、木酚素、甾醇、黄酮。

代表性成分及结构式：

齐墩果酸（Oleanolic acid）、熊果酸（Ursolic acid）、Orthlignan、迷迭香酸甲酯（Methyl rosmarinate）、迷迭香酸（Rosmarinic acid）、丁香酸甲酯（Methyl syringate）、木犀草素（Luteolin）、拉达宁（Ladanein）、咖啡酸（Caffeic acid）。

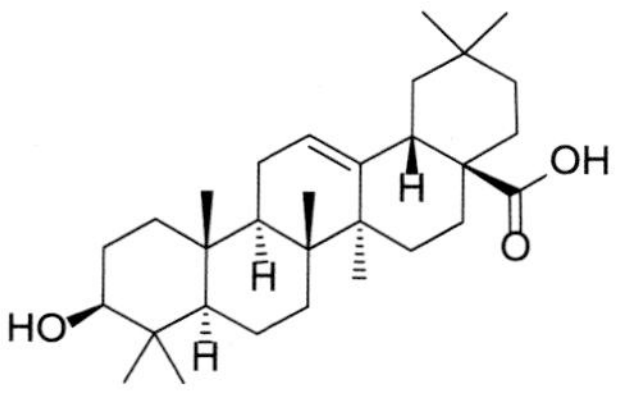

Oleanolic acid 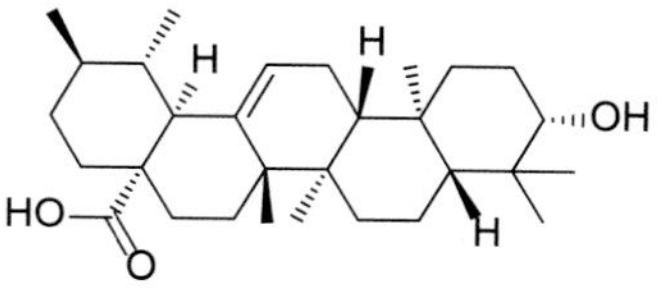 **Ursolic acid** 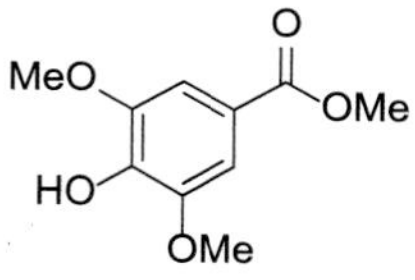 **Methyl syringate**

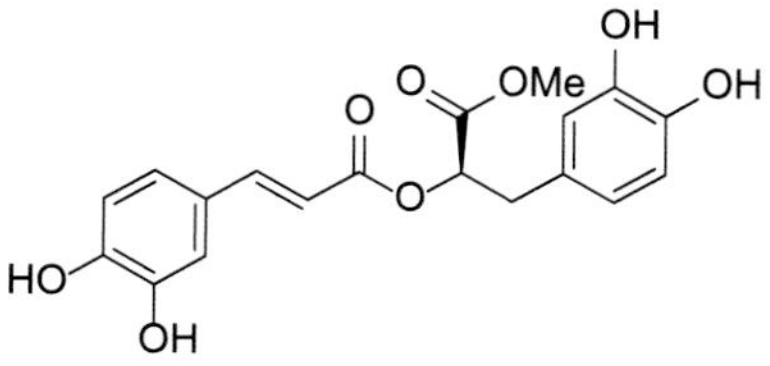

Methyl rosmarinate 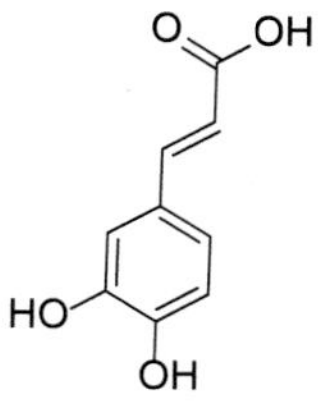 **Caffeic acid** 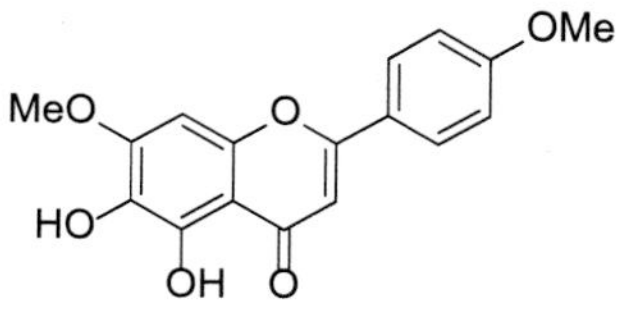 **Ladanein**

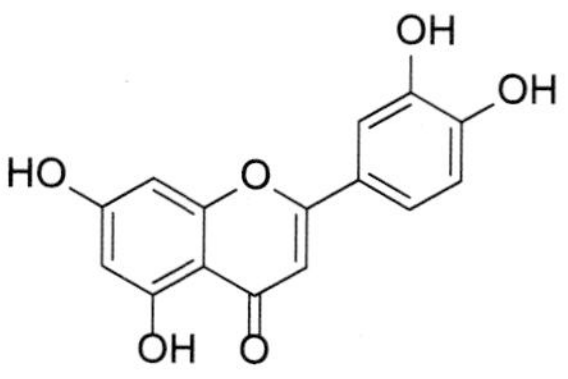

Luteolin 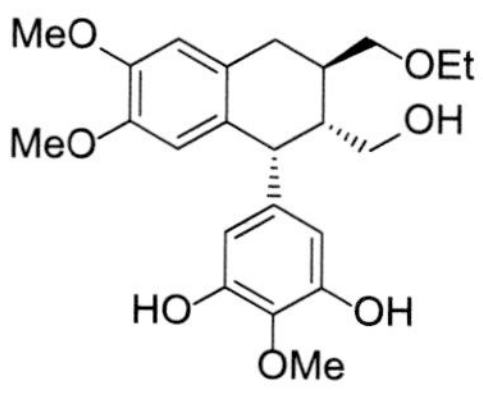 **Orthlignan** 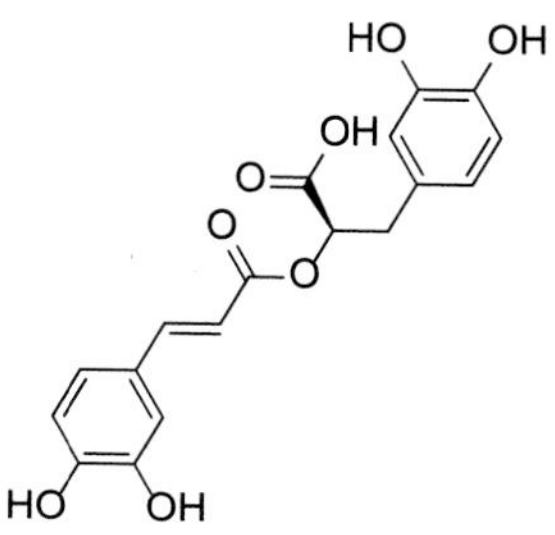 **Rosmarinic acid**

[1] *Orthosiphon stamineus* 是肾茶（*Orthosiphon aristatus*）的拉丁异名。

【美白活性研究】

肾茶的甲醇及其乙醇提取物含有熊果酸和齐墩果酸，其中熊果酸可显著降低 LPS 刺激的 RAW 264.7 细胞中的一氧化氮（NO）的产生[1]。此外，提取物中还富含花青素，具有较强的抗氧化作用[2]。肾茶中的迷迭香酸成分能抑制谷胱甘肽 S– 转移酶、乳过氧化物酶等与代谢相关的酶活性，并表现出显著的抗氧化、抗炎、抗突变、抗细胞毒性、抗菌、神经保护免疫调节、抗蛇毒效果，同时还具备防止黑色素生成的效果[3]。

【参考文献】

[1] Hsu CL, Hong BH, Yu YS, et al. Antioxidant and anti–inflammatory effects of *Orthosiphon aristatus* and its bioactive compounds[J]. Journal of Agriculture and Food Chemistry, 2010, 58(4): 2150–2156.

[2] Qiao Y, Ikeda Y, Ito M, et al. Inhibition of α–amylase and α–glucosidase by *Morus australis* fruit extract and its components iminosugar, anthocyanin, and glucose[J]. Journal of Food Science, 2022, 87(4): 1672–1683.

[3] 蓝伦礼 , 范庆红 , 曹骋 , 等 . 傣药肾茶的迷迭香酸和咖啡酸含量测定及指纹图谱研究 [J]. 中华中医药杂志 , 2017, 32(06): 2740–2745.

47. 紫苏 *Perilla frutescens* (L.) Britton

【科属】唇形科 Lamiaceae/ 紫苏属 *Perilla*

【别名】兴帕夏噶、孜珠、香荽、薄荷、聋耳麻、野藿麻、水升麻、假紫苏、大紫苏、野苏麻、野苏、臭苏、香苏、鸡苏、青苏、白紫苏、黑苏、红苏、红勾苏、赤苏、荏子、白苏、荏、桂荏

【主要特征】一年生草本。茎高 30~200 cm，被长柔毛。叶片宽卵形或圆卵形，长 7~13 cm，上面被疏柔毛，下面脉上被贴生柔毛；叶柄长 3~5 cm，密被长柔毛。轮伞花序 2 花，组成顶生和腋生、偏向一侧、密被长柔毛的假总状花序，每花有 1 苞片；花萼钟状，下部被长柔毛，有黄色腺点，果时增大，基部一边肿胀，上唇宽大，3 齿，下唇 2 齿，披针形，内面喉部具疏柔毛；花冠紫

红色或粉红色至白色，长 3~4 mm，上唇微缺，下唇 3 裂。小坚果近球形。

【花果期】花期 8—11 月，果期 8—12 月。

【生境】栽培。

【地理分布】云南省广泛栽培。福建、广东、广西、贵州、河北、湖北、江苏、江西、山西、四川、台湾、西藏和浙江等省（自治区）也有分布。国外主要分布于不丹、柬埔寨、印度、印度尼西亚、日本、韩国、老挝和越南等国。

【主要价值】供药用和香料用，种子可榨油。

【药典用途】

具有解表散寒、行气和胃的功效。用于治疗风寒感冒、咳嗽呕吐、妊娠呕吐、鱼蟹中毒等症。

【民间用途】

具有下气、消痰、润肺、宽肠、抗菌消炎、解表、理气止痛、消肿的功效。常用于治疗感冒头痛、咳嗽、产妇发热等病症。叶可食用、增香；种子可榨油、食、工业防腐。

【化妆品原料】

中文名	淋洗类产品最高历史使用量（%）	驻留类产品最高历史使用量（%）
紫苏（*Perilla frutescen*）提取物	—	0.5
紫苏（*Perilla ocymoides*）[1]提取物	0.006	0.006
紫苏（*Perilla ocymoides*）提取物	0.006	0.006
紫苏（*Perilla ocymoides*）叶粉	—	—
紫苏（*Perilla ocymoides*）叶提取物	—	4
紫苏（*Perilla ocymoides*）籽提取物	—	0.5
紫苏（*Perilla ocymoides*）籽油	—	4.8

【化学成分研究】

主要结构类型：木脂素、挥发油、黄酮、三萜、多酚、生物碱。

[1] *Perilla ocymoides* 是紫苏（*Perilla frutescens*）的拉丁异名。

代表性成分及结构式[1–2]：

原儿茶酸（Protocatechuic acid）、腺苷（Adenosine）、木犀草素–7–*O*–葡萄糖醛酸苷（Luteolin–7–*O*–glucuronide）、桦木酮酸（Betulonic acid）、咖啡酸（Caffeic acid）、Neoechinulin A、香叶醇（Geraniol）、桉油烯醇（Spathulenol）、木犀草素（Luteolin）。

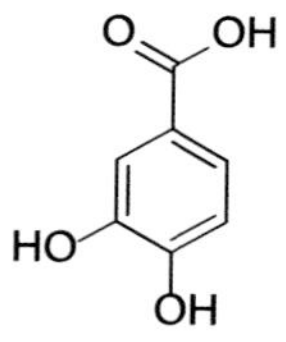

Protocatechuic acid 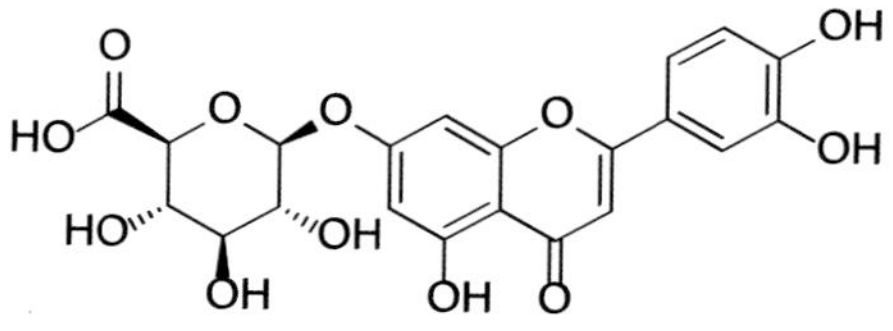　**Luteolin-7-*O*-glucuronide** 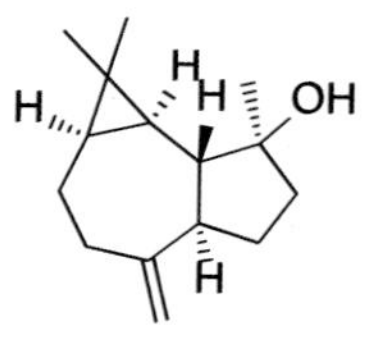　**Spathulenol**

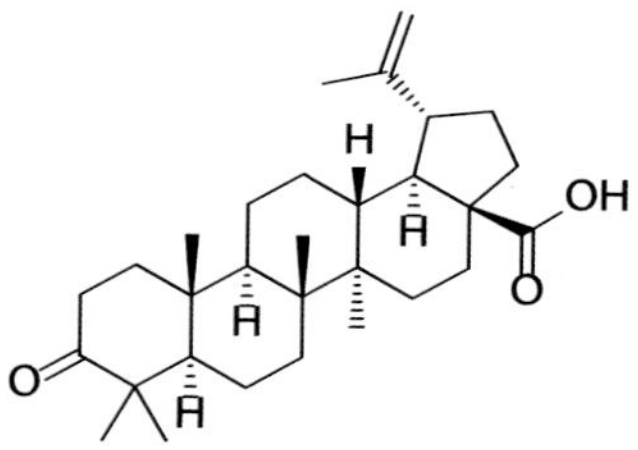

Betulonic acid 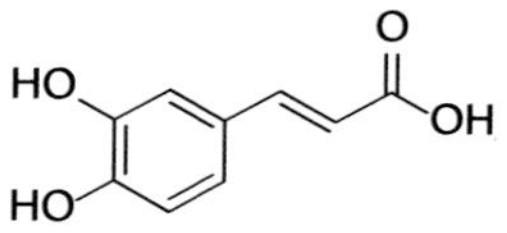　**Caffeic acid** 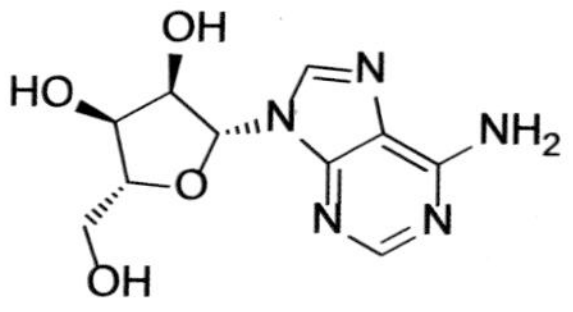　**Adenosine**

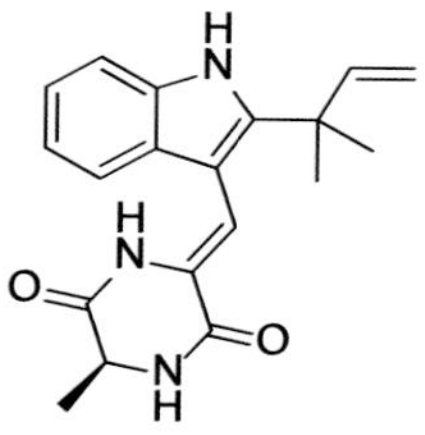

Neoechinulin A 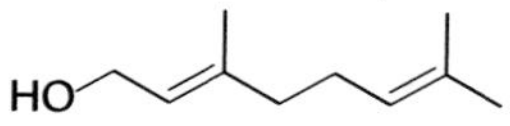　**Geraniol** 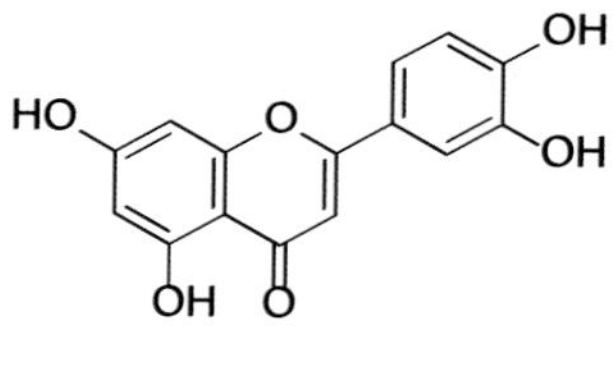　**Luteolin**

【美白活性研究】

迷迭香酸、木犀草素、金黄三醇、芹菜素、迷迭香–3–*O*–葡萄糖苷、咖啡酸显示出潜在的抗酪氨酸酶活性，IC_{50} 值分别为 20.8 μmol/L、24.6 μmol/L、35.8 μmol/L、49.3 μmol/L、57.9 μmol/L、>300 μmol/L[3]。

【参考文献】

[1] Ahmed HM, Al–Zubaidy AMA. Exploring natural essential oil components

and antibacterial activity of solvent extracts from twelve *Perilla frutescens* L. Genotypes[J]. Arabian Journal of Chemistry, 2020, 13(10): 7390–7402.

[2] Fan YQ, Cao XN, Zhang MM, et al. Quantitative comparison and chemical profile analysis of different medicinal parts of *Perilla frutescens* (L.) Britt. from different varieties and harvest periods[J]. Journal of Agricultural and Food Chemistry, 2022, 70(28): 8838–8853.

[3] Hou T, Netala VR, Zhang HJ, et al. *Perilla frutescens*: a rich source of pharmacological active compounds[J]. Molecules, 2022, 27(11): 3578.

48. 牛蒡 *Arctium lappa* L.

【科属】菊科 Asteraceae/ 牛蒡属 *Arctium*

【别名】大力子、恶实

【主要特征】二年生草本。具粗大的肉质直根。茎枝被稀疏的乳突状短毛及长蛛丝毛并混杂以棕黄色的小腺点。基生叶宽卵形，边缘有稀疏的浅波状凹齿或齿尖，上面绿色，有稀疏的短糙毛及黄色小腺点，下面灰白色或淡绿色，被薄绒毛或绒毛稀疏，有黄色小腺点；叶柄灰白色，被稠密的蛛丝状绒毛及黄色小腺点，但中下部常脱毛。茎生叶与基生叶同形或近同形，基部平截或浅心形。头状花序多数或少数在茎枝顶端排成疏松的伞房花序或圆锥状伞房花序，花序梗粗壮。总苞卵形或卵球形，直径 1.5~2 cm。总苞片多层，多数，外层三角状或披针状钻形，宽约 1 mm，中内层披针状或线状钻形，宽 1.5~3 mm ；全部苞近等长，长约 1.5 cm，顶端有软骨质钩刺。小花紫红色，花冠长 1.4 cm，细管部长 8 mm，檐部长 6 mm，外面无腺点，花冠裂片长约 2 mm。瘦果倒长卵形或偏斜倒长卵形，长 5~7 mm，宽 2~3 mm，两侧压扁，浅褐色，有多数细脉纹，有深褐色的色斑或无色斑。冠毛多层，浅褐色；冠毛的刚毛糙毛状，基部不连合成环。

【花果期】花果期 6—9 月。

【生境】生长于海拔 700~3500 m 的山坡、山谷、林缘、林中、灌木丛中、河边潮湿地、村庄路旁或荒地上。

【地理分布】分布于昆明、澄江、易门、蒙自、勐腊、勐海、保山、泸水、漾濞、大理、宾川、鹤庆、丽江、中甸、维西、德钦等地。广布于除海南、台湾和西藏三省（自治区）之外的其他各地。国外主要分布于阿富汗、不丹、印度、日本、尼泊尔、巴基斯坦、西南亚和欧洲等国和地区。

【主要价值】可药用。

【药典用途】

具有疏散风热、宣肺透疹、解毒利咽的功效。用于治疗风热感冒、咳嗽痰多、麻疹、风疹、咽喉肿痛、痄腮、丹毒、痈肿疮毒等症。

【民间用途】

果实入药，有清热利湿、消肿、解毒的作用。可治疗风热咳嗽、咽喉肿痛、乳汁不通、肾炎水肿、疮痈等症。

【化妆品原料】

中文名	淋洗类产品最高历史使用量（%）	驻留类产品最高历史使用量（%）
牛蒡（*Arctium lappa*）根粉	—	—
牛蒡（*Arctium lappa*）根提取物	3.5	3
牛蒡（*Arctium lappa*）果提取物	—	—
牛蒡（*Arctium lappa*）提取物	—	0.05
牛蒡（*Arctium lappa*）籽水	—	—
牛蒡（*Arctium lappa*）籽提取物	0.5	0.1
牛蒡（*Arctium lappa*）籽油	1.5	1.5

待续

续表

中文名	淋洗类产品最高历史使用量（%）	驻留类产品最高历史使用量（%）
五月牛蒡（*Arctium majus*）[1]根提取物	—	2.988

【化学成分研究】

主要结构类型：木脂素、氨基酸、酚酸、萜、多糖、脂肪油、黄酮、炔、维生素。

代表性成分及结构式：

牛蒡子苷（Arctiin）、缬氨酸（Valine）、绿原酸（Chlorogenic acid）、*β*–谷甾醇（*β*–Sitosterol）、菊糖（Inulin）、亚油酸（Linoleic acid）、山奈酚（Kaempferol）、Arctinal、维生素 A（Vitamin A）。

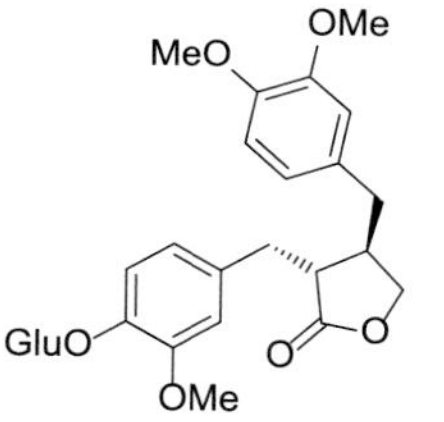

Arctiin 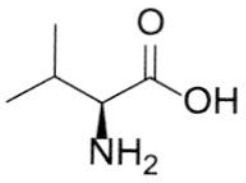 **Valine** 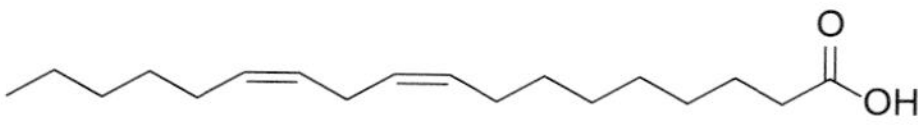 **Linoleic acid**

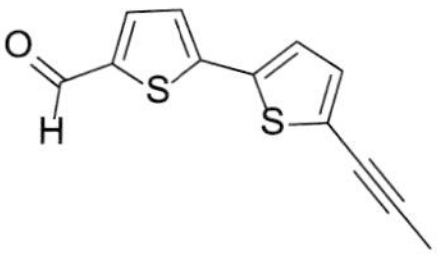

Arctinal 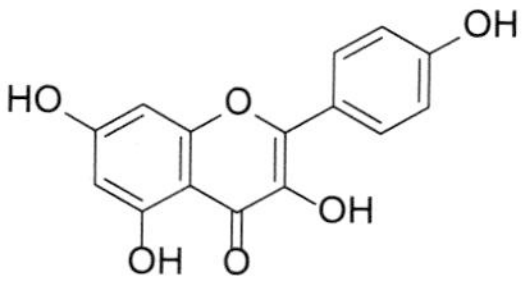 **Kaempferol** 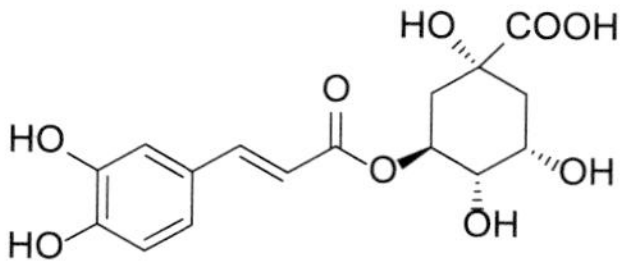 **Chlorogenic acid**

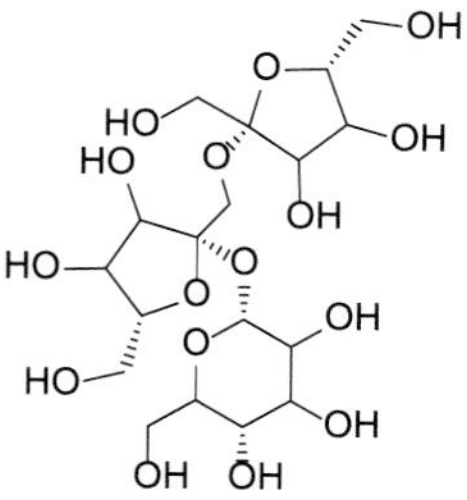

Inulin 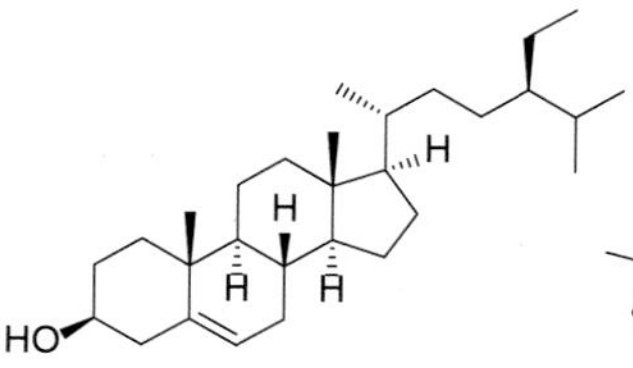 ***β*-Sitosterol** 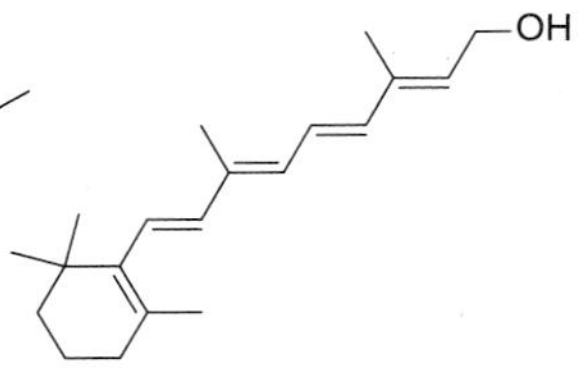 **Vitamin A**

1 五月牛蒡（*Arctium majus*）已修订为牛蒡（*Arctium lappa*）。

【美白活性研究】

牛蒡提取物可减轻表皮皮肤色素沉着，对雀斑、黄褐斑、黑色素沉着有较好的祛除效果[1]，能有效抑制酪氨酸酶活性，当 L- 酪氨酸用作底物时，牛蒡叶乙酸乙酯提取物半数抑制浓度 IC_{50} 值为 885 μg/mL；当左旋多巴用作底物时，牛蒡叶乙酸乙酯提取物半数抑制浓度 IC_{50} 值为 580 μg/mL[2]；500 μg/mL 的牛蒡子提取物对体外酪氨酸酶活性的抑制效果与 60 μg/mL 的曲酸效果相当；500 μg/mL 的牛蒡子提取物与 100 μg/mL 的熊果苷对由 *α*-MSH 介导的 B16BL6 细胞黑色素生成的抑制效果相当[3]。

【参考文献】

[1] 陈菊英．一种中药美白祛痘乳膏：中国，CN107349146A[P]. 2017-11-17.

[2] Lee CJ, Park SK, Kang JY, et al. Melanogenesis regulatory activity of the ethyl acetate fraction from *Arctium lappa* L. leaf on *α*-MSH-induced B16/F10 melanoma cells[J]. Industrial Crops and Products, 2019, 138: 111581.

[3] Park H, Song KH, Jung PM, et al. Inhibitory effect of arctigenin from fructus arctii extract on melanin synthesis via repression of tyrosinase expression[J]. Evidence-Based Complementary and Alternative Medicine, 2013, 965312.

49. 红花 *Carthamus tinctorius* L.

【科属】菊科 Asteraceae/ 红花属 *Carthamus*

【别名】刺红花、红蓝花、草红花

【主要特征】一年生草本。中下部茎叶披针形、披状披针形或长椭圆形，长 7~15 cm，宽 2.5~6 cm，边缘多大锯齿、重锯齿、小锯齿以至无锯齿而全缘；齿顶有针刺，长 1~1.5 mm ；向上的叶渐小，披针形，边缘有锯齿，齿顶针刺较长，达 3 mm。全部叶质地坚硬，革质，两面无毛无腺点，有光泽，基部无柄，半抱茎。头状花序多数，在茎枝顶端排成伞房花序，为苞叶所围绕，苞片椭圆形或卵状披针形，包括顶端针刺长 2.5~3 cm，边缘针刺长 1~3 mm，或无针刺，顶端渐长，有篦齿状针刺，长 2 mm。总苞卵形，直径 2.5 cm。总苞片 4 层，外层竖琴状，中部或下部有收缢，收缢以上叶质绿色，边缘无针刺或有篦齿状针刺，长达 3 mm，顶端渐尖，有长 1~2 mm，收缢以下黄白色；中内层硬膜质，倒披针状椭圆形至长倒披针形，长达 2.2 cm，顶端渐尖。全部苞片无毛无腺点。小花红色、橘红色，全部为两性，花冠长 2.8 cm，细管部长 2 cm，花冠裂片几达檐部基部。瘦果倒卵形，长 5.5 mm，宽 5 mm，乳白色，有 4 棱，棱在果顶伸出，侧生着生面。无冠毛。

【花果期】花果期 5—8 月。

【生境】引种栽培。

【地理分布】云南西部、西北部和东北部有栽培。甘肃、贵州、河北、黑龙江、江苏、吉林、辽宁、内蒙古、青海、陕西、山东、山西、四川、新疆、西藏和浙江等省（自治区）也有栽培。

【主要价值】可药用；种子可榨油；花可提取色素。

【药典用途】

具有活血通经、散瘀止痛的功效。用于治疗经闭、痛经、恶露不行、症瘕痞块、胸痹心痛、瘀滞腹痛、胸胁刺痛、跌扑损伤、疮疡肿痛等症。

【民间用途】

少数民族用水煎服后用于治疗气管炎、跌打损伤、排石、痛经、不孕症、咳嗽等。亦可作为红色染织物的色素原料。种子含油率高，可作食用油。

【化妆品原料】

中文名	淋洗类产品最高历史使用量（%）	驻留类产品最高历史使用量（%）
红花（*Carthamus tinctorius*）花	1	—
红花（*Carthamus tinctorius*）花末	0.07	0.01
红花（*Carthamus tinctorius*）花水	—	—
红花（*Carthamus tinctorius*）花提取物	—	7
红花（*Carthamus tinctorius*）提取物	—	0.75
红花（*Carthamus tinctorius*）油质体	8.125	3.7755

待续

续表

中文名	淋洗类产品最高历史使用量（%）	驻留类产品最高历史使用量（%）
红花（*Carthamus tinctorius*）籽饼提取物	—	—
红花（*Carthamus tinctorius*）籽提取物	—	0.018
红花（*Carthamus tinctorius*）籽油	77.337	12

【化学成分研究】

主要结构类型：黄酮、生物碱、木脂素、甾醇。

代表性成分及结构式[1]：

羟基红花黄色素 A（Hydroxysafflor yellow A，HSYA）、腺苷（Adenosine）、尿苷（Uridine）、胸腺嘧啶（Thymine）、腺嘌呤（Adenine）、二苄基丁内酯（Tracheloside）、孕甾醇（Gestonorone capronate）。

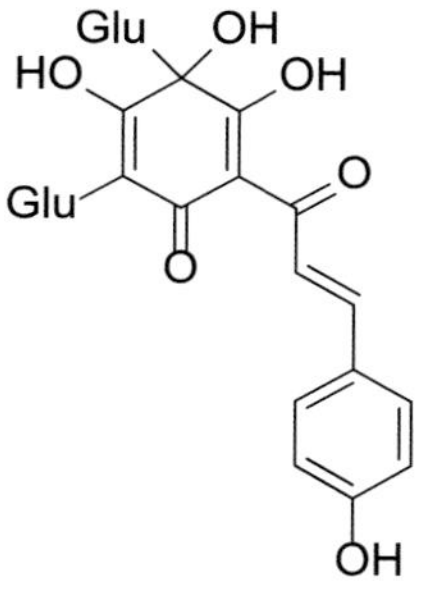

HSYA 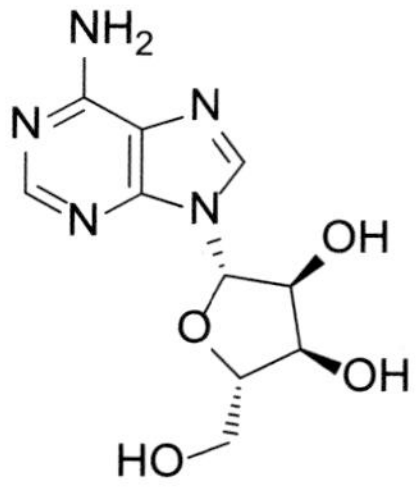　Adenosine 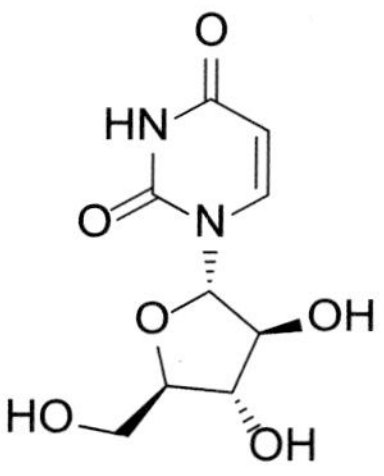　Uridine 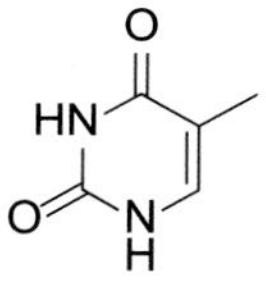　Thymine

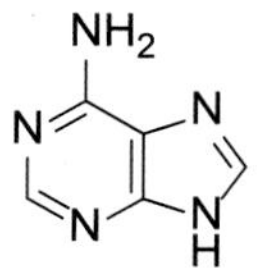

Adenine 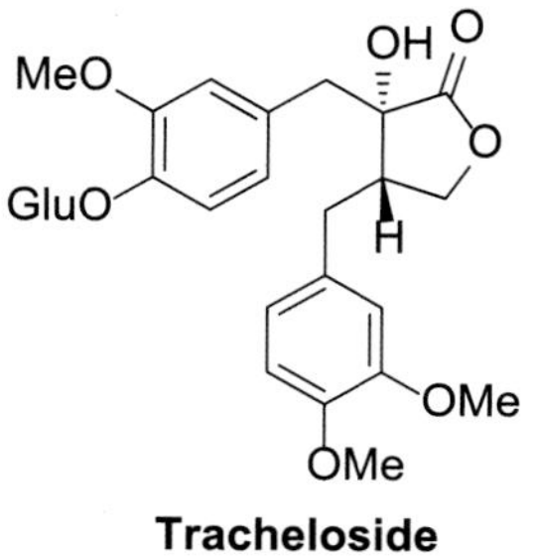　Tracheloside 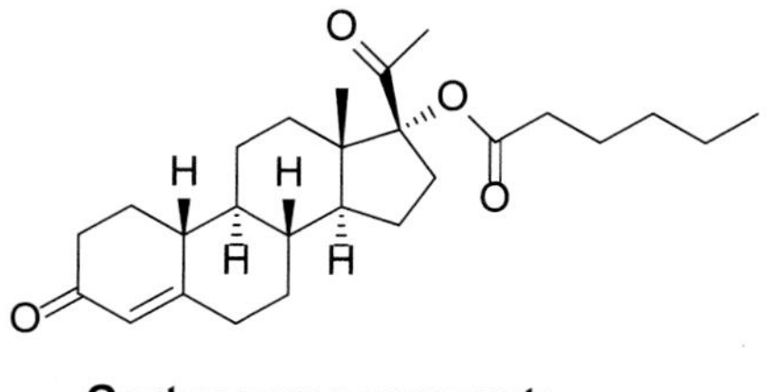　Gestonorone capronate

【美白活性研究】

红花黄色素能够竞争性抑制酪氨酸酶的活性，IC_{50} 值和 Ki 值分别为（1.01 ± 0.03）mg/mL 和 0.607 mg/mL，用 4 mg/mL 红花黄色素处理 B16F10 黑色素细胞，其黑色素生成活性降低至（82.3 ± 0.4）%[2]；以 0.03% L-DOPA 为底物，发现红花黄酮对酪氨酸酶有显著抑制性，抑制率达 63.5%[3]。用 50% 乙醇作溶剂对红花进行提取，得到的提取液在浓度为 2 mg/mL（以生药计）时对酪氨酸酶抑制率为 78.24%[4]；另外，从红花种子中分离出的化合物 *N*-feruloylserotonin、*N*-（*p*-Coumaroyl）serotonin 和 acacetin 均对酪氨酸酶活性具有抑制作用，其半数抑制浓度 IC_{50} 值分别为 0.023 mmol/L、0.074 mmol/L、0.779 mmol/L，其中 *N*-feruloylserotonin 和 *N*-（*p*-coumaroyl）serotonin 对 B16 细胞黑色素生成的半数抑制浓度 IC_{50} 值分别为 0.191 mmol/L、0.245 mmol/L[5]。

【参考文献】

[1] Zhu HB, Wang ZH, Ma CJ, et al. Neuroprotective effects of hydroxysafflor yellow A: in vivo and in vitro studies[J]. Planta Medica, 2003, 69(5): 429-433.

[2] Chen YS, Lee SM, Lin CC, et al. Kinetic study on the tyrosinase and melanin formation inhibitory activities of carthamus yellow isolated from *Carthamus tinctorius* L[J]. Journal of Bioscience and Bioengineering, 2013, 115(3): 242-245.

[3] 李娜，鲁晓翔．红花黄酮对酪氨酸酶的抑制及其机理研究 [J]. 食品科技，2010, 35(12): 176-179+190.

[4] 徐鹏，钱竹，章克昌，等．27 味中药醇提物对酪氨酸酶体外活性的影响 [J]. 天然产物研究与开发，2006, 06: 986-988.

[5] Roh JS, Han JY, Kim JH, et al. Inhibitory effects of active compounds isolated from safflower (*Carthamus tinctorius* L.) seeds for melanogenesis[J]. Biological and Pharmaceutical Bulletin, 2004, 27(12): 1976-1978.

50. 三七 *Panax notoginseng* (Burkill) F. H. Chen ex C. H. Chow

【科属】五加科 Araliaceae/ 人参属 *Panax*

【别名】山漆、四七、野生三七、假人参

【主要特征】多年生草本。根茎肉质，纺锤状。叶 3~6 片，在茎端轮生。叶柄基部没有托叶或托叶状附属物；小叶倒卵形或倒卵长圆形，3.5~13 cm × 1.5~7 cm，膜质，叶脉两面疏生刚毛，先端渐尖或长渐尖。花序单生，顶生伞形花序 80~100（或更多）花；花梗 7~25 cm，无毛或疏生短柔毛；花梗 1~2 cm，纤细，稍短柔毛。

【花果期】花期 7—8 月，果期 8—10 月。

【生境】生长于林中。常栽培。

【地理分布】分布于云南东南部（砚山、西畴、文山）。福建、广西、江西和浙江等省（自治区）也有栽培。国外主要分布于越南。

【主要价值】叶、果、根及根状茎可入药。

【药典用途】

具有散瘀止血、消肿止痛的功效。用于治疗咯血、吐血、衄血、便血、崩漏、外伤出血、胸腹刺痛、跌扑肿痛等症。

【民间用途】

彝族用干燥根祛风除湿、逐瘀止痛、软坚散结、滋补强壮。三七的纺锤根是著名的跌打损伤药，有特效药之称，止血散瘀、定痛消肿功效良好。

【化妆品原料】

中文名	淋洗类产品最高历史使用量（%）	驻留类产品最高历史使用量（%）
三七（*Panax notoginseng*）根粉	—	2.55
三七（*Panax notoginseng*）根提取物	17.83	1
三七（*Panax notoginseng*）提取物	0.5	—
三七（*Panax notoginseng*）叶/茎提取物	—	—
三七总皂苷	—	0.1

【化学成分研究】

主要结构类型：皂苷、黄酮、糖、氨基酸。

代表性成分及结构式：

人参皂苷 Rh1（Ginsenoside Rh1）、人参皂苷 Rd（Ginsenoside Rd）、甘草素（Glycyrrhizin）、山柰酚（Kaempferol）、精氨酸（Arginine）。

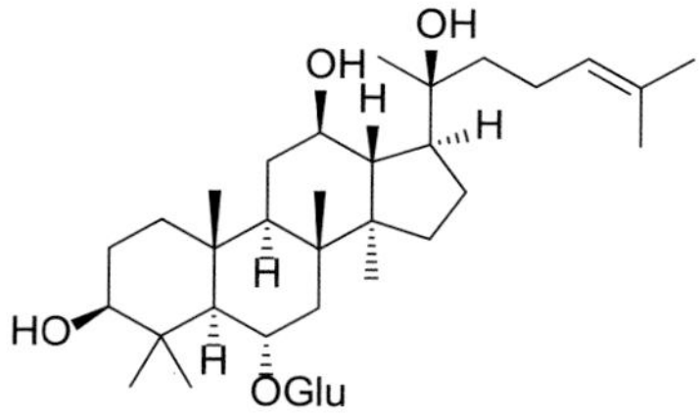

Ginsenoside Rh1 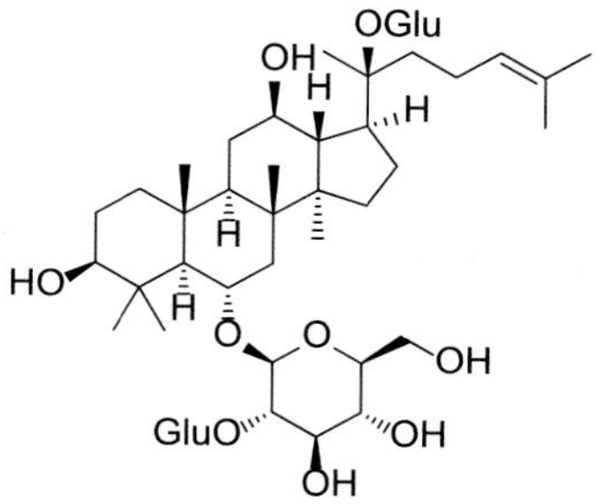　**Ginsenoside Rd** 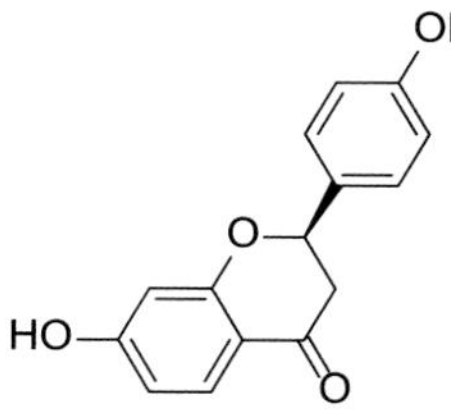　**Glycyrrhizin**

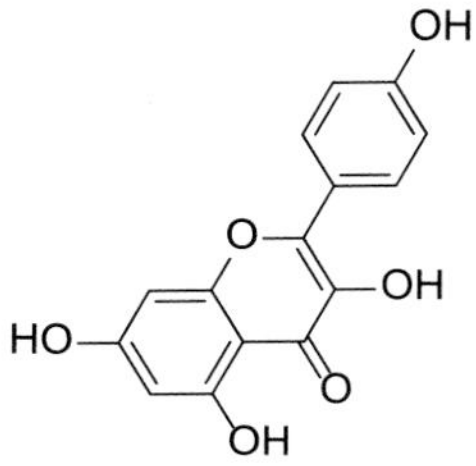

Kaempferol 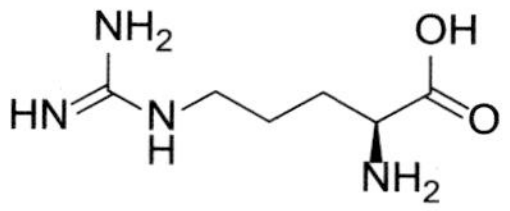　**Arginine**

【美白活性研究】

三七叶粗提取物对酪氨酸酶有抑制作用，其 IC_{50} 值为 0.825 mg/mL[1-2]；三七不同稀释倍数的发酵液对酪氨酸酶活性抑制的影响大小不同，随着浓度的增加（稀释倍数减小），抑制效果越明显[3]。三七茎叶提取物抑制酪氨酸酶和 B16 细胞黑素合成的半数有效浓度 IC_{50} 值分别为 0.045 mg/mL 和 0.046 mg/mL[4]。其提取物中的人参皂苷 floralginsenoside A 在安全浓度内对 Melan–a 细胞的黑色素合成抑制率达 23.9%，且在体内和体外都有效。经进一步研究表明，人参皂苷 floralginsenosid A 可能是通过激活 ERK 蛋白、抑制相关转录因子 MITF 来抑制酪氨酸酶活性的[5]。三七总皂苷能减缓皮肤光老化，其机制在于抑制细胞氧化损伤、作用于基质金属蛋白酶、保护成纤维细胞[6]、阻碍丝裂原活化蛋白激酶（mitogen activated protein kinase, MAPKS）信号转导通路等方面[7]。

【参考文献】

[1] 周家明，欧景春，赵爱，等．三七美白化妆品的研究及开发 [J]. 人参研究，2020, 32(01): 40–42.

[2] 宋建平，张志信，娄洁．三七叶提取物抑制酪氨酸酶及抗氧化活性研究[J]. 文山学院学报，2020, 33(03) :1–4.

[3] 虞旦，王昌涛，李萌．微生物法提取三七中活性物质及抗氧化性分析 [C]. 中国香料香精化妆品工业协会．第十一届中国化妆品学术研讨会论文集，2016.

[4] Dai CY, Liu PF, Liao PR, et al. Optimization of flavonoids extraction process in *Panax notoginseng* stem leaf and a study of antioxidant activity and its effects on mouse melanoma B16 cells[J]. Molecules, 2018, 23(9): 2219.

[5] Lee DY, Lee J, Jeong YT, et al. Melanogenesis inhibition activity of floralginsenoside A from *Panax ginseng* berry[J]. Journal of Ginseng Research, 2017, 41(4): 602–607.

[6] 谢璟，何黎，郝萍，等．三七皂苷 R1 对 UV 辐射皮肤成纤维细胞的影响 [J]. 中药新药与临床药理，2011, 22(06): 609–613.

[7] 高瑛瑛，刘文丽，周炳荣，等．人参皂苷 Rg1 对细胞光老化模型中 p53 信号转导途径的影响 [J]. 中国药理学通报，2010, 26(03): 383–387.